农户畜禽饲料配制技术丛书

肉鸽鹌鹑饲料科学配制与应用

（第 2 版）

李绶章 编 著

金盾出版社

内 容 提 要

　　本书针对我国肉鸽和鹌鹑养殖业生产实践中在饲料配制与应用方面的现状与存在问题,系统地介绍了饲料科学配制的目的与要求,肉鸽与鹌鹑的消化特点和营养需要,肉鸽与鹌鹑常用饲料的营养特点与营养价值,并着重介绍了肉鸽与鹌鹑饲料的科学配制方法,保证配合饲料饲喂效果的饲养技术与管理技术。本书吸收了国内外的养殖技术和配方,内容丰富,科学实用。适合肉鸽、鹌鹑养殖专业户和大中型养殖场、饲料加工厂员工学习使用,亦可供农业院校相关专业师生阅读参考。

图书在版编目(CIP)数据

　　肉鸽鹌鹑饲料科学配制与应用/李绶章编著.—2版.—北京:金盾出版社,2014.4
　　(农户畜禽饲料配制技术丛书)
　　ISBN 7-5082-6958-0

　　Ⅰ.①肉… Ⅱ.①李… Ⅲ.①肉用型—鸽—饲料—配制②鹌鹑—饲料—配制 Ⅳ.①S836.5②S839.5

　　中国版本图书馆 CIP 数据核字(2011)第 054269 号

金盾出版社出版、总发行
北京太平路 5 号(地铁万寿路站往南)
邮政编码:100036　电话:68214039　66882412
传真:68276683　电挂:0234
封面印刷:北京盛世双龙印刷有限公司
正文印刷:北京华正印刷有限公司
装订:北京华正印刷有限公司
各地新华书店经销
开本:850×1168 1/32　印张:8.375　字数:202 千字
2014 年 4 月第 2 版第 5 次印刷
印数:28001～34000 册　定价:17.00 元
(凡购买金盾出版社的图书,如有缺页、
倒页、脱页者,本社发行部负责调换)

农户畜禽饲料配制技术丛书
编 委 会

序

20 世纪 80 年代以来,我国各地农村如雨后春笋般地发展起一大批养殖专业户,并在现代化养殖场的示范带动和新兴饲料工业的有力支持下,逐渐步入商品化养殖业范畴,成为发展农村经济强有力的支柱产业,成为我国养殖业的重要组成部分。

饲料占养殖业成本的 60％以上,饲料的科学配制对满足畜禽营养需要、发挥其生产潜力、提高饲料转化效率和养殖效益具有举足轻重的作用。不仅如此,人们越来越看重的是,通过饲料的科学配制,生产优质、安全的畜禽产品;同时,减轻养殖业对环境的污染,保护人类和动物共同的生存环境。

当前我国饲料工业的规模、布局和生产的饲料系列,尚不能完全满足各种类型养殖户的需求。一方面在现阶段生产的饲料系列中,按畜禽种类区分很不平衡,猪饲料约占总产量的 45％,禽饲料占 40％,而牛羊等草食家畜的饲料产品仅约占 5％,且主要是乳牛饲料;另一方面众多的小型饲料厂,普遍存在着配方设计不科学或检控不严格或产量质量不稳定的问题。因此,一些农村养殖户希望用自产的或当地购买的廉价饲料原料自配全价饲料。其中部分养殖户期望采用简单的替代,应用已有的配方配制全价料,并希望在此方面能获得相应的技术指导。为满足这些读者的需求,金盾出版社组织一批资深的专家、教授,策划、编写、出版这套"农户畜禽饲料配制技术丛书",包括《猪饲料科学配制与应用》、《奶牛饲料科学配制与应用》、《肉牛饲料科学配制与应用》、《羊饲料科学配制与应用》、《鸡饲料科学配制与应用》、《家兔饲料科学配制与应用》、《肉鸽鹌鹑饲料科学配制与应用》等七个分册。考虑到当前多数农村条件下尚不具备微机，或本丛书的主要读者一时还难掌握这方面的技术，这套"丛书"主要介绍手工设计配方的方法，并以此为基础介绍配方中原料替代的原则与方法。与机配法相比，手工方法不可能反复多次地计算，很难配出成本最低的优化配方，但它是最基本的设计配方的方法，也是进一步学习机配法的基础。饲养标准和按标准生产出的全价饲料（或浓缩料），凝聚了动物营养科学与饲料科学的基本原理与最新研究成果，认真地学习和了解这些方面的内容，才能使配方设计、饲料配制或替代较为合理与得心应手，因而这套"丛书"的各分册均用一定篇幅介绍了有关的基本理论与基础知识。同时，配制出符合畜禽需要的全价饲料后，还必需采用科学的饲喂与管理方法，方能充分发挥饲料的作用，获得高的生产与经济效益，为此，"丛书"各分册均介绍了相应的饲养管理技术。

饲料科学配制也是在不断发展和提高的，需要持续地进行知识充实与更新。限于本"丛书"编者已有基础和继续教育的水平，以及对读者要求理解的差距，在所写内容及深度方面可能存在不妥，错误之处也在所难免。敬请读者给予批评指正，以便再版时做相应修改。

郝正里

再版前言

肉鸽是我国传统养殖业之一,有着悠久的历史。鹌鹑养殖在世界许多国家受到重视,是公认的特禽之一。两者进入商品化、集约化养殖在我国也不过 20 年的时间,现今规模化的鸽、鹑场已如雨后春笋般的涌现,中小规模的鸽、鹑场更是遍布全国。鸽、鹑规模养殖目前尚处于起步阶段,一些方面还很欠缺,迄今我国尚未制定肉鸽、肉鹌鹑和蛋用鹌鹑的饲养标准,比起其他畜禽的科学饲养水平,还存在较大差距。另外,广大鸽、鹑饲养者,迫切要求普及鸽和鹌鹑科学饲养的相关知识。本书以饲料科学配制与应用为主轴,系统深入地阐述了鸽和鹌鹑的消化功能特点、营养需要、对饲料的特殊要求,介绍了当今饲料的分类和主要饲料原料质量标准及应用,有分析地向读者推荐国内一些优秀鸽、鹑饲料配方和保健砂配方,并介绍了多种配方制定方法,供选用。再版时在介绍传统饲养管理基础上,为增强饲养效果,保证食品安全,新增了理想蛋白质、健康养殖、饲料卫生、饮水卫生以及环境控制等章节,这些内容在保证鸽、鹑饲喂效果、保护生态环境以及人类健康方面，都有十分重要的作用，也是长期被忽视的问题。

　　本书可供从事肉鸽和鹌鹑饲养者及基层畜牧科技工作者参考。由于作者学识有限，错误难免，恳请读者与同行不吝指教。

编著者

目　录

第一章　饲料科学配制的目的与要求

第一节　饲料科学配制概述

一、饲料的概念

饲料是指在合理饲喂条件下,被鸽、鹑采食、消化、利用,能供给鸽、鹑某种或多种营养物质,以此调控其生理机制,改善鸽、鹑产品品质,且对鸽、鹑健康无毒害的物质。也包括一些本身不含有营养物质,但却有促使营养物质被利用的物质。

二、饲料配制

饲料是鸽和鹌鹑赖以生存和生产的物质,而单一的饲料其营养物质的组成与含量,很难全面满足鸽和鹌鹑生长发育、繁殖和生产产品的要求,只有全面满足了鸽、鹑对各种营养物质的需要,鸽、鹑生产潜力才能得到充分发挥。为了全面满足鸽、鹑生长和生产的需要,必须供给它两种以上的饲料,通过各种饲料间营养物质的互补,实现全面满足鸽、鹑对营养物质的需要。当然,两种以上饲料不是随意组合,而是根据鸽、鹑所需营养物质种类及含量,即饲养标准,将几种饲料的营养物质按一定的比例,进行科学的配制,这种配制是通过饲料配方的形式实现的。根据饲料配方生产的饲料统称为配合饲料。

三、饲粮与日粮

一昼夜一只鸽或鹑为采食各种营养物质,而需要的各种饲料总量称为日粮。当日粮中各种营养物质的种类、数量和比例能充分满足鸽、鹌的营养需要时,则称为平衡日粮或全价日粮,这种平衡或全价,在实际生产中却是相对的。

实际生产中鸽、鹌一般为群饲,故生产上是按日粮中原料百分比配制成批的配合饲料,然后按天分顿喂给。这种按日粮原料百分比配制成批的配合饲料,称为饲粮。饲粮和日粮的区别在于后者是按鸽、鹌每只、每日所需各种营养物质的数量配制而成。在生产实践中,多数情况下人们所说的日粮实际上是饲粮。当然,生产日粮和饲粮的配方是一样的,所以日粮和饲粮就其营养作用,其实质也是一样。

第二节 饲料的科学配制

饲料的科学配制实质上就是依据鸽、鹌对各种营养物质的需要,测得各种营养物质的需要量或供给量,即饲养标准及拟选用饲料的营养成分,制订饲料配方,据此生产配合饲料。科学配制饲料首先应了解饲养标准的相关知识。

一、饲养标准

(一)饲料科学配制的重要依据——饲养标准 饲养标准是根据鸽、鹌消化、代谢、饲养及其他试验,测定鸽、鹌在不同体重、不同生理状态及不同生产水平下,每只鸽、鹌每天需要的能量及其他营养物质的参数。了解鸽、鹌营养需要量参数和不同营养物质间的比例,结合生产实践中积累的经验,便可制定出各类鸽、鹌的饲养标准。饲养标准在饲养实践中可以维持鸽、鹌的健康,充分发挥鸽、鹌的生产效率和繁殖能力、提高饲料利用率、节约饲料、降低成本。

鸽、鹌的饲养标准是科学配制饲粮和对不同用途、不同生理阶段鸽、鹑进行科学饲养的依据。实践证明，脱离饲养标准盲目饲养，可导致鸽、鹑营养缺乏或营养过剩，这都将不同程度的影响鸽、鹑健康和生产效率的发挥。饲养标准还是鸽、鹑养殖场制定饲料生产与供应年度计划不可缺少的依据。饲养标准通常用表格形式表述，生产实际中运用比较方便。

（二）饲养标准的使用　饲养标准是科学饲养的依据，在实践中应注意下述几个问题：

1. 饲养标准不是一成不变的　饲养标准尽管是通过一系列试验，并总结了生产实践中形成的经验，但这些试验及经验都有一定的局限性，受饲养环境及品种变化的影响，很难充分满足实际需要，虽然现代动物营养学考虑了气温变化对畜禽营养需要量的影响，仍难充分准确地满足鸽、鹑的营养需要，加上个体差异，可以认定饲养标准仅仅是一个相对的标准，而且随着鸽、鹑生产性能的提高，品种品质的改良，营养科学的进步，饲养标准将不断修订，例如，美国 NRC 饲养标准每隔一段时间就会进行一次修改，在生产实践中应尽量采用最新版本的饲养标准。

2. 饲养标准通常不止一个　在当今世界上鸽、鹑的饲养标准有多个，但每个标准都只具有相对的合理性。因为这些饲养标准来自世界各地，是在特定条件下形成的，其受试材料、环境条件以及试验条件均不相同。所以，任何一个饲养标准都有一定的针对性和局限性，在其适用范围内该标准是合理的，对于其他种类的鸽、鹑及其他饲养条件下的鸽、鹑仅能供参考。由此可见，世界上没有任何一个饲养标准适用于所有的鸽、鹑，在使用时应注意选择。

3. 正确对待饲养标准中的全部参数　饲养标准中列举的各种营养物质供给量，仅仅是一个概括的平均值，而实际应用中由于饲养环境、健康状况、饲养技能、管理水平的不同，甚至鸽、鹑的个体均有差异。因此，实际的营养需要量与标准中确定的供给量间必然存在差异。因而使用饲养标准时,应充分考虑这些因素,在实际饲养中应密切观察鸽、鹑的表现,进行适当调整。

(三)我国鸽、鹑饲养标准的现状 我国目前尚未制定国家的鸽、鹑饲养标准,多借用国外或企业的饲养标准。国内当前采用的饲养标准包括蛋鹌鹑、肉鹌鹑和肉鸽等饲养标准。肉鸽、肉鹑生长快,养分需要多,为了获得最高生长速度,应特别注意蛋白质的质量和供给充足的必需氨基酸,尤其是蛋氨酸与赖氨酸,也应提供足够的矿物质和维生素。肉鸽和肉鹑饲养标准根据其生长发育特点又分为前期(0~4周龄)和后期(5周龄以上)。前期要求高能高蛋白质饲料,后期可适当降低蛋白质含量。

对于蛋鹌鹑,能量与蛋白质均很重要,但其需要量比肉鹌鹑要低。此外,对蛋白质的质量要求也较肉鹌鹑稍有不同。蛋鹌鹑饲料标准分为育雏期、育成期及产蛋期,其中产蛋期又据生产水平不同又细分为产蛋初期、产蛋高峰期和产蛋后期3个标准。

二、饲料营养价值评定

饲料营养价值是饲料科学配制的又一重要依据,有了饲养标准就知道鸽、鹑对各种物质的需要量,如何将饲料组合准确满足其需要,必须借助饲料营养价值的评定。下面仅就与鸽、鹑相关的饲料营养价值评定的知识,予以简述:

(一)饲料概略养分分析 概略养分分析法是饲料营养价值评定的基本方法之一,目前所用概略养分指标主要包括水分、粗蛋白质、粗脂肪、粗纤维、粗灰分、无氮浸出物等。

1. 水分 所有饲料都含有不同量的水分,多汁、青绿饲料含水最多,矿物质饲料含水最少。

2. 粗蛋白质 饲料中蛋白质的含量是通过测定饲料中总氮量,再乘以6.25而得,这包括一部分非蛋白氮(氨化物),故称为粗蛋白质。

3. 粗脂肪 饲料中脂肪含量是采用乙醚浸提法,获得的不仅是脂肪,而是所有的醚浸出物,包括色素、蜡质、树脂、有机酸等,故称为粗脂肪。

4. 粗纤维 酸碱法测得的饲料粗纤维还包括一部分半纤维素、多缩戊糖、木质素、角质等,所以叫粗纤维。

5. 粗灰分 饲料在高温下燃烧后剩余的物质即为灰分(或称矿物质)和少量杂质,故名粗灰分。现今更多的是采用纯养分分析法,分别测定各种矿物质元素的含量。

6. 无氮浸出物 饲料中的有机物质除去脂肪及纤维素后,剩下的总称为无氮浸出物,主要包括单糖、双糖、多糖类(淀粉)等物质。

(二)生物试验评定饲料营养价值 主要包括消化试验测定饲料营养成分的消化率和消化能;代谢试验测定饲料营养成分的代谢率和代谢能;能量平衡试验测定饲料中的净能。鸽、鹑采用代谢能来表述对能量的需要。

饲料代谢能=饲料总能-粪能-尿能-肠胃甲烷能

第三节 饲料科学配制的目的与意义

在原始的散放饲养,自由寻食的情况下,当生产力比较低下时,鸽、鹑可以在一定程度上进行营养物质摄入的自我调节,以满足低生产水平下的生长、繁殖和生产。但鸽、鹑进入集约化饲养环境后,失去了在大自然自由觅食的机会,加上生产力大幅度提高,若采用单一饲料或盲目随意的组合饲料饲喂,则很难满足鸽、鹑对各种营养物质的需要。营养物质的不足或缺乏,必然导致鸽、鹑生产力低下,健康恶化,病鸽、病鹑大量产生。在集约化饲养条件下,高产鸽、鹑对各种营养物质的强烈要求,必然导致饲料科学配制的诞生。科学配制是在原始的自由觅食的基础上,将自由采食多种饲料的特性,延伸为极富针对性的将各种含有不同种类、不同数量的营养物质,根据鸽、鹑的营养需要,有规则的将其聚合在一起,构建为新型的科学配制的配合饲料。

饲料科学配制的目的在于:生产营养物质能全面满足鸽、鹑生长、繁殖、生产所需的,由多种饲料(包括一些微量营养物质)组成的配合饲料,这种科学配制的配合饲料,能最大限度地满足鸽、鹑对各种营养物质的需求,充分发掘鸽、鹑的生产潜力。

第四节 鸽、鹑配合饲料的概念与优点

一、配合饲料的概念

饲料科学配制的产物就是配合饲料,即是根据鸽、鹑营养需要和饲料营养成分设计的营养平衡的饲粮配方,并以此配方按照一定的生产工艺流程,将多种饲料原料以一定的比例,加工生产的混合饲料。其特点是该混合饲料的各种饲料原料及其各种营养物质混合均匀,能够满足鸽、鹑生长、生产及维持健康需要的工业性饲料产品,即配合饲料。配合饲料的质量直接影响着鸽、鹑的健康和生产水平。采用先进的设备进行饲料产品的工厂化生产,并及时吸取动物营养科学研究的最新成果,使生产出的产品优质化、规格化,为进行现代化、集约化的高效鸽、鹑生产提供坚实的物质基础。

二、配合饲料的优点

配合饲料的优点可概括为以下六个方面:

(一)符合鸽、鹑的生理特点 配合饲料是按鸽、鹑的生产用途、性别、年龄、品种的需要和生理特点配制的饲料,能够满足鸽、鹑的营养需要,使其生产潜力得到最大限度的发挥。

(二)可提高饲料利用率 配合饲料的各种营养物质与鸽、鹑的需要之间比较平衡,且各种饲料原料的营养物质有取长补短的互补作用。实践证明,用配合饲料代替单一饲料,可使饲料转化率提高 20%～30%。

(三)可提高劳动生产率和经济效益 可以根据饲料营养价值评定的参数和鸽、鹑营养需要量的最新研究成果,配制成包括百万分之一计量,甚至更微量的成分在内的配合饲料。这样既可满足鸽、鹑的营养需要,又可防止营养缺乏症的产生,饲养效果特别显著,显著提高了饲养业的劳动生产率和经济效益。

(四)含有防止饲料变质的添加剂 如抗氧化剂、抗黏结剂等,有效地延长了饲料的保质期,使配合饲料比普通饲料更易保证品质。

(五)标准化程度高 配方科学化、生产规范化、质量标准化、包装规格化,使用更安全、更方便,用户乐于接受。

(六)配合饲料使用方便,便于机械化、集约化饲养 能有效提高劳动生产率。配合饲料形态多样,可分别满足各类鸽、鹑的适口性,其中的颗粒饲料能防止鸽、鹑的挑食,保证鸽、鹑能摄入更完善的营养物质。

三、鸽、鹑配合饲料的分类

配合饲料可根据它的营养成分、用途、饲料的物理形态或饲养对象分为若干类。例如,按饲养对象,可以分为鹑用、鸽用、鸡用、鸭用、鹅用、猪用、牛羊用、水生动物用配合饲料等。每一类还可再进行细分,如鹌鹑用配合饲料中有种鹌鹑配合饲料、生长期鹌鹑配合饲料、雏鹑配合饲料等。

(一)按营养成分和用途分类

1. 全价配合饲料 又称全饲粮配合饲料。这种配合饲料营养全面,不需要再添加任何营养物质就能满足鸽、鹑生长、繁殖及生产的营养需要,可直接用于饲喂鸽、鹑,配合饲料是饲料工业的最终产品。目前,国内配合饲料有初级和全价配合饲料之分,初级配合饲料仅考虑了能量、蛋白质、钙、磷、食盐等几种主要营养物质,全价配合饲料则还包括维生素、氨基酸、微量元素等微量营养物质,其营养价值完全,能全面满足鸽、鹑的营养需要,饲养效果显著。

2. 浓缩饲料 又称蛋白质补充料。浓缩饲料是指全价饲料中除能量饲料外的其余部分,属饲料工业的中间产品。它主要包含蛋白质饲料、常量矿物质饲料(钙、磷、食盐)和添加剂预混料三部分构成。浓缩饲料中的蛋白质、氨基酸、常量元素、微量元素、维生素等营养物质的浓度都很高,一般为全价配合饲料的3～4倍。使用时必须按一定比例与能量饲料混合成全价饲料,再用于饲喂鸽、鹑。由于它的日需要量只是配合饲料的1/3或1/4,购买携带方便,这是一些具有一定专业知识和养殖经验的中小养殖户乐于使用的产品。

3. 添加剂预混料 是由一种或多种具有生物活性的营养性微量组分(如各种维生素、微量元素、氨基酸)和非营养性添加剂为主要成分,再按一定比例与载体和稀释剂充分混合制成。添加剂预混料不能直接饲喂鸽、鹑,必须添加到配合饲料或浓缩饲料中使用,并需经几级预混合稀释再与其他饲料充分混合后,形成全价配合饲料或浓缩饲料。

一般添加剂预混料在配合饲料中的比例为1%或更高。若添加比例小于1%,则应在生产配合饲料之前,用稀释剂增加预混次数,扩大它的容积,以保证微量组分在全价配合饲料中均匀分布。

根据预混料中组成物质的种类和浓度又可分为高浓度单项预混料、微量元素预混料、维生素预混料、复合预混料等4种。

(1)高浓度单项预混料 只含有单一的一种添加剂的高浓度预混料,多由原料生产厂家直接生产,通常称为预混剂。

(2)微量元素预混料 根据鸽、鹑对各种微量元素的需要量,按一定的比例配合,并加入一定量的载体或稀释剂混合而成的预混料。这类预混料中各种微量元素矿物质的含量约占 50% 以上,载体或稀释剂及少量的稳定剂、防霉剂、抗结块剂等占 50% 以下。

目前国内生产的微量元素预混料浓度较低,并常含有常量元素,在配合饲料中的添加量一般为 0.5%～2%。

(3)维生素预混料　除高浓度单项维生素制剂外,还可根据鸽、鹑的需要,按一定比例将多种维生素配制成不同浓度规格的维生素预混料,同样也要加入一定量的载体或稀释剂,以及抗氧化剂等。目前我国市场上尚未见鸽、鹑专用维生素预混料出售,可选用禽用维生素预混料,在日粮中添加量为 0.01%～0.5% 的高浓度制剂。由于氯化胆碱对一些维生素有破坏作用,一般维生素预混料中不含氯化胆碱。

(4)复合预混料　包含所有需要添加的饲料添加剂,如维生素、微量元素、非营养性添加剂。由于各种添加剂之间的相互影响,通常需添加一部分载体和稀释剂,配制成浓度较低的预混料,以减少各种活性物质相互间的接触机会,降低贮存期内活性物质的损失。一般在日粮中的添加量为 1%～5%。由于维生素易遭破坏,在生产复合预混料时,应超量添加一些易遭破坏的维生素。

(二)按物理形态分类

1. 粉状饲料　指各种饲料原料经粉碎后,按饲料配方确定的比例进行充分混合,或主要饲料原料按饲料配方确定的比例进行混合后,再行粉碎并加入添加剂预混料经充分混匀后的配合饲料。粉状饲料的粒度直径约在 2.5 毫米以上。这种饲料的生产设备和工艺流程较简单,耗电少,加工成本低,但饲喂时鸽、鹑易挑食而造成浪费。另外,在运输过程中容易产生二次分级现象,造成配合饲料新的不均匀,进而影响配合饲料质量。

2. 颗粒饲料　是将粉状饲料加水,通入蒸汽,或加入黏结剂,而后在颗粒机中压制成的颗粒状饲料。形状一般为小圆柱形和角状形两种,很适合饲喂鸽、鹑,由于其密度大、体积小,饲喂方便,可防止鸽、鹑择食,确保采食的全价性和减少饲料浪费;运输过程中不会产生二次分级,可保证饲料的均匀性、通透性。在制粒过程中物料经加热、加压、干燥等工序处理,有利于鸽、鹑的消化吸收,且有一定的杀菌作用,可减少饲料霉变,利于贮藏运输。但制作成本较高,加热加压时还可破坏一部分维生素和活性酶,是其缺点。

鸽、鹑颗粒饲料的颗粒直径一般范围是 1～1.5 毫米,因颗粒饲料经过一次模压成形后,大颗粒原料被挤压变小。颗粒的长度一般为其直径的 1～1.5 倍。

3. 破碎饲料 用机械方法将颗粒饲料再次破碎而成,其粒度为 2～4 毫米。它的特点与颗粒饲料相同,但这种饲料可减缓鸽、鹑的采食速度,避免采食过多而过肥,特别适合童鸽和幼鹑采食。

此外,还有乳鸽人工食糜液体饲料、膨化饲料、压扁饲料和块状饲料等。

第五节 饲料科学配制的原则与要求

一、饲料配制的科学性

欲实现科学配制饲料,应考虑鸽、鹑的营养需要和据此确定的供给量,拟选用饲料的营养成分,选用饲料的来源、价格和卫生状况。综合以上因素即可着手科学配制鸽、鹑的饲粮,从饲料配制的科学性考虑应遵循以下原则:

(一)符合肉鸽与鹌鹑的营养需要 科学配制的饲料是用来满足集约化饲养条件下高产鸽、鹑,维持生命、生长、生产需要的,因此配制的饲料营养需要是配方设计的基本原则。配制的饲料中应含有鸽、鹑维持、生长及生产所需的各种营养物质。饲料中所含的营养不够,会影响鸽、鹑的生产和生长发育,甚至会危及鸽、鹑的生命。因而进行饲料配制,设计饲料配方时,应全面掌握拟用饲料的营养成分及含量。

1. 科学配制饲料应选好用好饲养标准　根据生产的具体情况选择适宜的饲养标准,包括国外一些国家标准和企业标准。饲养标准不应一成不变,在经过短期饲养后,可根据饲养效果进行微调。

2. 注意饲料原料的品质　配合饲料优劣在很大程度上取决于饲料原料的品质,品质主要包括饲料原料营养成分的含量,含水量,有无杂质、霉变、虫蛀以及农药等,都应一一明确标示。

3. 坚持饲料原料的多样化　科学配制饲料的核心优点之一,在于能充分发挥多种原料的协同互补作用,使得配合饲料的营养组成更符合鸽、鹑的生长、繁殖、生产的需要。饲料原料的多样化并不是越多越好,太多不利于加工流程,主要原料以4～6种为宜,选择原料时应根据各种饲料的营养特色,进行科学合理的组合。

4. 处理好配合饲料营养成分的设计值与保证值之间的关系　配合饲料中使用的各种原料的养分含量与真实值之间有一定差距,在加工过程中还可能引起变化,同时配合饲料在贮存过程中某些养分还会发生分解造成损失,所以配合饲料配方的营养成分设计值应略大于保证值,以保证配合饲料的营养物质在规定保质期内,其含量不低于产品标签中的标示值。

(二)饲料原料的选用　发霉、酸败、污染的饲料原料不能用来生产配合饲料;未经去毒处理的饲料原料应控制用量;可能导致鸽、鹑或人类致畸、致癌、致突变的饲料,不能使用。配制饲料时,饲料添加剂的使用量、使用期和配伍应符合安全法规。有毒有害物质应严格控制在允许范围,若配合饲料有毒有害物质超过允许范围,不仅危害鸽、鹑健康,还会危及生命。它作为食品供人类享用,必将影响人类健康。例如霉变玉米的黄曲霉素,菜籽饼中的异硫丙烯酯和噁唑烷酮,棉籽饼中的棉酚,饲料中添加"瘦肉精"等等。因此,使用的原料必须符合国家饲料卫生标准,使用添加剂的品种、剂量、方法必须符合国家条例和规范。

(三)饲料的容积应适当　配制饲料时应考虑配合饲料的容积,即饲料体积应与鸽、鹑消化道相适应。饲料体积过大,受消化道容积所限,采食不到足够的营养物质,造成营养不足。饲料容积过小,鸽、鹑虽采食到足够的营养物质,鸽、鹑长期处于饥饿状态,也不利鸽、鹑的生长发育与生产。在考虑饲料容积性的同时,还应注意饲粮的粗纤维含量,应符合饲养标准的规定。

(四)感官与适口性良好　制订饲料配方时,应注意选择适口性好的饲料原料,以免因适口性不好而影响采食量。影响适口性的因素很多,采食习惯是主要的影响因素之一,例如,鸽、鹑喜食小粒饲料如珍珠玉米、小麦和火麻仁等,不喜食带壳的饲料如稻谷、大麦、燕麦等,带仔的产鸽更要少给带壳饲料,以利消化吸收。又如长期习惯采食黄玉米,突然改喂白玉米就不愿采食;常食麻豌豆就不喜欢吃白豌豆,吃惯珍珠玉米后就不愿吃大粒玉米;鸽、鹑还能根据身体的需要有选择地采食饲料,不同个体和不同生长阶段,有选择不同食物的特性。鸽、鹑维生素缺乏与否也影响饲料的选择,当鸽、鹑缺乏 B 族维生素时,就喜欢采食糙米,当 B 族维生素充足时,则喜欢选食白米。

鸽、鹑饲料应严格控制高粱、麦麸、绿豆、菜籽饼、棉籽饼的用量,否则会影响配合饲料的适口性,降低采食量。火麻仁因具轻泻作用也不宜多吃,用量为 4%～5%。

(五)充分注意鸽、鹑的生理特点　进行饲料配制时,不仅要考虑鸽、鹑的类型、生长发育及生产水平,还应根据鸽、鹑不同时期的生理特点及饲养环境进行配制。例如,鸽、鹑对纤维消化能力差,配制饲料时应控制粗纤维用量。还应注意季节变化对鸽、鹑采食量及其生理指标的影响,例如,夏季气温较高鸽、鹑采食量会降低,应酌情提高饲粮的营养浓度。冬季寒冷采食量有所增加,同时为了抵御严寒则需摄入更多的能量,营养浓度应与饲养标准接近。在季节变化时会引发多种应激反应,可提高维生素及微量元素等的用量。一般在较适宜的饲养标准基础上,调整幅度为10%左右,某些维生素的应激添加量为饲养标准规定量的1~2倍,甚至更高,例如,维生素C能有效缓解禽类的热应激,酷暑时可增加维生素C的供给量。

(六)注意饲料形态 鸽子喜欢采食小颗粒粮食,特别是玉米。常常见到鸽子在采食时,叼着大粒玉米迟迟不咽,有时叼着大粒玉米随即抛出饲槽。因此,玉米要选用小颗粒、黄颜色的玉米。另外,搭配饲粮时,在满足营养要求的前提下,尽量选用小颗粒饲料。

二、饲料配制的经济性

饲料成本是鸽、鹑养殖中最主要的成本,约占整个养殖成本的65%~75%,欲提高养殖的经济效益,首先应从降低饲料成本着手,人们认为的最佳饲料配方,同时也应是最低饲料成本,采用计算机配制饲料,这两者很易兼顾。但手工制订饲粮配方,两者就不容易兼顾,故要求在充分满足鸽、鹑营养需要的同时,在选择原料时,对两种营养功能近似的原料,就应舍贵求廉,选用价格比较低的一种。尽可能减少饲料配制及生产经营中的不必要环节,也是实现饲料配制经济性的重要方式。

(一)就地取材 饲料原料应尽可能选用本地原料,充分发掘本地的饲料资源,减少对外地饲料原料的依赖,降低运输费用。

(二)尽量选用质优价廉的原料 对公认的传统饲料原料,若当地价格过高,可选用一些价格便宜的原料。对那些营养价格差异不大、价格悬殊很大的饲料,在选择时应首选价格低廉的,以降低成本。在选用代用品时应慎重,最好通过生产性饲喂试验核定,绝不可搞简单的一换一,在替换时应对其他原料的比例作相应调整,必要时还应添加一些其他物质予以平衡,例如,花生饼代替豆饼应适当增加赖氨酸的供给量。

（三）满足影响配合饲料质量的核心原料的供应　影响配合饲料质量的核心原料，应该是能量饲料和蛋白质饲料，这两类原料种类很多，但我国地域辽阔，各地的主产原料品种并不一样，为了保证这些原料的充分供应，在选择原料时，在不影响各种原料科学合理配制的情况下，应尽量选择当地主产品种，或产量大、供应稳定的外地品种，供应是否稳定，应以前三年或更长时间的供应情况来判断。

（四）饲料原料的合理采购与保质　饲料原料应直接从产地批量购入，若从经销商处零星购买，将大大增加原料成本，且很难保证质量。小规模饲养者限于资金，可联合起来集体购买。采购原料一次量不宜过小或过大，过小频繁购进既增加采购强度，每批原料的质量不尽相同，频繁更换势必影响鸽、鹑的采食，产生应激。过大占用场地和流动资金较多，且不易保存，时间过长易致变质，以够一个月的用量为宜，冬季最多可保存两个月的量。饲料原料的质量是配制饲料质量的最根本保证，不论配方有多么科学，多么合理，提供的原料质量低劣，配方的科学性将被彻底摧毁，轻则不能充分发挥鸽、鹑的生产潜力，重则影响鸽、鹑的健康，甚至导致死亡。有条件的应对购买的原料进行化学分析，至少应进行感官鉴别，严防购进掺假、掺杂、霉变的原料。

第二章 肉鸽与鹌鹑的消化特点 和营养需要

第一节 肉鸽、鹌鹑的生理特性与习性

一、肉鸽的生理特性与习性

肉鸽在动物分类学上属鸟纲,鸽形目,鸠鸽科,鸽属,由野生的原鸽驯化而来。

了解鸽的生理特性和生活习性,在肉鸽饲养中顺应这些生理特性,有助于有针对性地进行饲喂,提高饲料利用率,收到很好的饲养效果。

(一)生长快,性成熟早,繁殖率高 乳鸽经 1 个月的饲养,体重可达 500～750 克,增重耗料比为 1∶2;种鸽 6 月龄左右达性成熟,年产雏鸽 8～10 窝。种鸽的利用年限为 5～6 年。

(二)记忆力强 鸽对方位、鸽舍、巢盆、饲料、饲喂程序、饲养者的呼叫声,以及周围环境都有较深的记忆,因此,不能轻易改变鸽的生活习惯和环境;不要突然更换饲料或饲粮组成、不要随意改变饲养程序和频繁更换饲养员。忽视这一特性,胡乱操作不但会影响生产,也会给饲养管理造成许多困难。

(三)择偶性 公、母成鸽经过相互选择后实现配对,一旦配对成功公、母鸽便共同负担起繁衍、哺育后代的责任。若其中一只丢失或死亡,另一只鸽需经很长一段时间后,才与其他鸽配对。

(四)繁育特性 公母鸽共同筑巢,母鸽产蛋后,公母鸽轮流孵

化,白天以雄鸽为主,夜间以雌鸽为主。当孵化环境遭破坏后,亲鸽便会终止孵化。孵出乳鸽后雌雄亲鸽共同哺育幼鸽。整个繁育期应尽量保持环境安静,不要随意调换笼位、蛋巢,若必须更换应错开产蛋、孵化、育雏期,否则可导致亲鸽停止孵化育雏,造成损失。

(五)恋巢性 鸽对自己的巢窝有很强的习惯性和归巢能力,变换巢窝后需很长时间才能习惯,所以不要轻易调换巢窝和鸽舍,以免引起应激,降低饲养效果。

(六)喜群居、喜水浴、日光浴 鸽喜群居,有很强的合群性,常群居、群飞、群食。鸽对居住环境十分注重,要求清洁、干燥、向阳、通风,且喜欢水浴和日光浴,一日中频频洗浴,沐浴阳光。

(七)素 食 鸽以植物性饲料为主,没有吃动物性饲料的习惯,若将鱼粉加入配合饲料中制成颗粒,并不影响采食,并能更好地生长、生产和繁殖。

(八)嗜 盐 鸽对食盐有特殊的喜好,特别在哺育幼鸽时。成年鸽每只每天需要食盐 0.2 克,缺乏食盐时会影响鸽的采食、生长和繁殖,但若食盐过多也会引起食盐中毒。

(九)反应敏捷 鸽对声、光、色反应极为敏感,鸽舍内外的任何异常响声都会使鸽子发生惊群,正在交配的鸽受到惊吓,会使交配终止或产无精蛋,或产畸形蛋,或产不出蛋;在孵化期间受到惊吓,亲鸽会踩破蛋、停止孵化;正在哺食的亲鸽受到外界的严重干扰,可能会踩死雏鸽,停止或中断哺食。可见,如能因势利导,使其建立起良好的条件反射,有利于饲养管理。一旦在饲喂时建立了条件反射,每当发出预饲信号后,鸽群就会纷纷出巢,有秩序地进行采食、饮水和舒翅等活动,活动后又会迅速恢复到喂前的安静状态。有益的条件反射既利于饲养管理,也有利于鸽的消化和繁殖。

(十)抗逆境的能力较强 鸽能很好生存于酷暑和严寒的环境中,对食物、气候、声音,以及长途运输的变化都有很强的适应力,较少患病。

（十一）占区性　鸽对自己的住处有很强的保护能力，当其他鸽子进入时，便起而抵御，发生啄斗，造成伤害，甚至死亡。

（十二）择食性　肉鸽对饲料的择食很严重，其主要食物是原粒的种子，如谷子、玉米、小麦、高粱、豆类等。若用粉状饲料饲喂，常在鸽嗉囊中黏结成块影响消化。

（十三）哺食性　四周龄前的雏鸽不能像小鸡那样自己采食，而是靠亲鸽"哺食"获得生长发育所需的营养物质。

二、鹌鹑的生理特性与习性

鹌鹑简称鹑，属鸟纲、鸡形目、雉科、鹌鹑属，由野生鹌鹑驯化培育而成。鹌鹑早熟，产蛋多，适应性强，饲料转化率高，适合集约化饲养等特点。

鹌鹑是鸡形目中体型最小的，呈纺锤形，近似雏鸡。头小，喙细长而尖，无冠、髯、距，尾羽短而下垂。鹌鹑的羽毛基本毛色为栗褐色，此外，还有黑、白、黄羽色及杂色。蛋重 8～10 克，初生体重仅 6～8 克；成年蛋用型公鹑体重 100～120 克，母鹑 140～150 克；肉用型鹌鹑公鹑体重 250～300 克，母鹑 300～350 克。

（一）仍带有野性　家鹑与野鹑的生物学特性已有很大差别，但仍保留了一些野鹑的行为习性，诸如能短距离飞翔，喜跳跃和快步行走，爱鸣叫，特别是公鹑声音高亢，反应敏捷，好斗，母鹑有时也会发生啄斗等野性。

（二）繁育特性　性成熟、体成熟均较早，一般母鹑在 5～7 周龄开产，公鹑 1 月龄开叫，45 日龄后有交配行为。生长发育快，生长周期短，无就巢性，人工孵化期短，仅 17 天，一年可繁殖 4 至 5 个世代。无就巢性，孵化特性已在人工驯化中被淘汰，繁衍后代依靠人工孵化。

（三）新陈代谢旺盛　家养的鹌鹑，喜动并不停地采食，每小时排粪 2～4 次。其新陈代谢较其他家禽旺盛，体温高而恒定，成年鹌鹑体温 40.5℃～42℃；心跳频率每分钟 150～220 次，呼吸频率受室温变化的影响很大。

(四)适应性和抗病力强　能适应不同的环境条件，有旺盛的生命力和较强的耐受力，对疾病的抵抗力较强，适宜高密度笼养，易于集约化生产。

(五)耐热畏寒　鹌鹑的生长和产蛋均需较高的温度，喜生活于温暖干燥的环境，对寒冷和潮湿的环境适应能力较差。鹌鹑适宜的生理温度范围为 20℃～28℃，最佳产蛋温度为 24℃～25℃。气温低于 10℃，产蛋锐减，甚至停产，并出现掉毛。气温超过 30℃，出现食欲下降，产蛋减少，蛋壳变薄易碎。

(六)反应敏捷　鹌鹑性情活泼，富神经质，对周围的任何刺激的反应均很敏感，容易发生骚动、惊群、啄癖等，要求保持安静的环境。

(七)配偶特性　鹌鹑多为 1 公 1 母的单配偶制，仅在母鹑过剩的情况下 1 只公鹑可与多只母鹑交配，一般以不超过 3 只母鹑为宜。母鹑产蛋多集中在午后至傍晚，以午后 3～4 时最多。公、母鹑均有较强的择偶性，且交配多为强制性行为，受精率一般不太高。公鹑的泄殖腺肥大，进入交配状态时能分泌一种黏液样泡沫，并表现出强烈的求偶行为。

(八)食性广泛　鹌鹑味觉灵敏，对甜和酸味较喜爱，对饲料变化十分敏感。鹌鹑食性杂，消化能力强，饲料利用率高。特别喜食粒料，以谷类子实为主食，青饲料、昆虫、工业副产品、海产品等都可饲喂。采食频繁且较有规律，傍晚进食与饮水特别多，母鹑临产蛋前后 1 小时停止采食。

(九)羽色随季节而变　主要表现在日本鹌鹑与朝鲜鹌鹑，有夏羽与冬羽之分。

1. 夏羽　公鹑的额部、头两侧及喉部均呈砖红色；头顶、枕部、后颈、背、肩为黑褐色,并夹有白色条纹或浅黄条纹;两翼大部分为淡黄色、橄榄色,间或夹有黄白纹斑;腹部羽毛冬、夏无变化均为灰白色。

母鹑夏羽羽干纹多呈黄白色,额、头侧、颌、喉部则以灰白色居多,胸羽可见暗褐色细斑点,腹部羽毛为灰白色或淡黄色。

2. 冬羽 公鹌鹑额部、头两侧及喉部的羽色由砖红色变为褐色;背前羽变为淡黄褐色,背后羽呈褐色,翼羽颜色冬夏无变化。母鹑的冬羽与夏羽基本相同,只是背部羽毛黄褐色部分增多,颜色加深。

(十)喜沙浴 鹌鹑酷爱沙浴,即使在笼养条件下,若未设置沙浴盘,也会用喙摄取粉料撒于身上进行沙浴,或在食槽内沙浴。

三、肉鸽与鹌鹑的消化系统及消化过程的特点

鸽的消化系统由口腔、食管、嗉囊、胃、小肠、大肠、肝脏、胰脏和泄殖腔九部分组成。具有摄取、运送、消化食物、吸收和转化养分,以及排泄废物等的作用。

(一)口 腔 鸽的口腔包括喙、舌、咽三部分。鸽无牙齿,喙为骨的延长部分,分上、下喙,呈圆锥形,组织坚硬,边缘光滑,适合啄食颗粒饲料。喙的颜色与品种、年龄和羽色有关;舌在口腔底部,呈细长三角形,舌尖角质化,舌上有味觉乳头,对食物有一定的选择性,平时贴于下颌内侧,可后移翻转;鸽用喙摄取食物后,依靠舌的后移和翻转将食物送入咽部,再通过会咽软骨的后翻将食物送入食管。

另外,鸽的口腔周围分布有一些分泌唾液的唾液腺,能分泌唾液。这种唾液没有消化食物的功能,只有湿润食物,便于吞咽的作用。

(二)食 管 鸽的食管是一条较宽又能膨胀的管道,食管借助平滑肌的收缩蠕动,将食物下移运送到底部的嗉囊中。食管是

一肌性管道,没有消化功能,仅为食物的通道,长约 9 厘米。

(三)嗉囊　指食管下端膨大的囊状体。位于颈基部皮肤下面胸腔外面。嗉囊分两个侧囊,其作用是储存、湿润、软化、发酵饲料。乳鸽的嗉囊比身体其他部分大,吃饱食物后,体积增大一倍,它同样具有发酵、软化食物的功能。嗉囊壁薄而富有弹性,外层膜紧贴在胸肌前方和皮肤之上,内层膜与食物接触。成年鸽的嗉囊中还含有嗉囊腺,具有分泌嗉囊乳的作用。孵化期间,在催乳素的作用下,大约孵化到第八天,嗉囊上皮开始增厚,第十三天厚度、宽度增加 1 倍,第十四天开始分泌微黄色的鸽乳,第十八天,嗉囊便可分泌大量的嗉囊乳。嗉囊乳为充满脂肪细胞组成的乳黄色或乳白色的黏稠液体,含有丰富的蛋白质、脂肪和无机盐,含有微量的维生素 A、维生素 C、淀粉酶、蔗糖酶、激素、抗体及其他未知因子,基本上不含碳水化合物、乳糖和酪蛋白。随着哺乳期的延长(即雏鸽年龄的增长),嗉囊乳由黄变白、由稠变稀,泌乳量及其营养成分逐渐减少,大约在出雏后的 10～15 天时,嗉囊乳的分泌就停止了。

嗉囊还是公鸽求偶时的信息器官,常将嗉囊鼓起发出咕咕的叫音。

可见,嗉囊对成年鸽自身的生存作用并不重要,但对繁衍后代及雏鸽的生存却是必不可少的。

(四)胃　鸽的胃由腺胃和肌胃两部分组成。

1. 腺胃　呈纺锤形,又叫前胃,前端连接嗉囊,后端与肌胃相接。腺胃壁薄,容积很小,胃壁上分布有许多腺细胞,可分泌盐酸、胃蛋白酶和黏液。食物在此停留的时间极短,很快到达肌胃。胃蛋白酶可将食物中的蛋白质进行初步分解,分泌的盐酸可提供一个酸性环境,有利于胃蛋白酶对饲料蛋白质的酶解,黏液对胃黏膜(内膜)有保护作用。

2. 肌胃　又叫砂囊。上接腺胃,下连小肠,有较厚的肌肉层,内壁覆盖一层角质膜,内含砂砾。肌胃的收缩力很强,借助砂砾研磨揉搓将饲料磨碎成食糜。鸽子的消化能力强,消化过程十分迅速,这是鸽子消化生理的主要特点。

（五）小　肠　肉鸽的小肠包括十二指肠、空肠和回肠等三段,平均长度约 95 厘米。小肠是各种饲料全面消化的场所,也是营养物质全面吸收的主要部位。

1. 十二指肠　前端与肌胃连接,尾部直连空肠。在十二指肠的背部侧壁附着胰腺。胰腺与消化的关系十分密切,食糜进入消化系统后,胰腺的活动即开始加强,大量分泌胰液。胰液中含有胰蛋白酶、胰脂肪酶、胰淀粉酶等多种酶类。胰液通过胰腺导管流入小肠。另外,肝脏生成的胆汁也经胆管（鸽无胆囊）进入十二指肠,与胰液一起参与饲料养分的分解和吸收。

2. 空　肠　小肠的中间一段,前接十二指肠,后连回肠,空肠经常处于无食糜的状态故此得名。空肠的主要功能是通过蠕动,将食糜推向回肠。

3. 回　肠　鸽的回肠短而较直,前与空肠相通,后接大肠,并借助系膜与两根盲肠连接。

小肠壁由 2 层平滑肌和 1 层肠黏膜构成,黏膜中分布有许多腺体,这些腺体也分泌肠液,但没有十二指肠腺。肠液中除有肠激酶,能将胰蛋白酶原激活成胰蛋白酶外,还含有肠肽酶、肠脂肪酶、蔗糖酶、麦芽糖酶、乳糖酶及分解核蛋白质的核酸酶、核苷酸和核苷酶。其中一些酶可将肽类分解成氨基酸,脂肪酶则将脂肪分解成甘油和脂肪酸,蔗糖酶、麦芽糖酶、乳糖酶分别将多糖或双糖分解成单糖。食糜中的养分经过以上多种酶的分解后,变成一些简单的物质,在小肠被吸收。小肠平滑肌具有很强的伸展和收缩的特性,内层黏膜形成许多"Z"形皱褶和绒毛,这就大大增加了食糜与肠壁的接触面积,食糜通过的距离也相对延长,这对增加消化吸收时间,提高肠的消化吸收能力十分有利。

小肠平滑肌具备自律性运动和食物进入小肠后明显增强的蠕

动、钟摆运动以及分节运动，一方面将食糜与消化液充分混合，增强消化；另一方面又将食糜不断地推向大肠。

(六)大 肠 前、后分别连接回肠与泄殖腔。大肠有两条盲肠和一条很短的直肠，较粗。与鸡相比，鸽的大肠已严重退化，其直肠仅有 3～5 厘米，具有吸收水分和盐分的作用；回肠和直肠分界处，有一对中空的小突起，有入口而无出口，这是盲肠。盲肠只有吸收水分、电解质和在小肠中未被吸收的营养物质的作用。直肠的退化导致鸽不能贮存粪便，有便即排，这也有利于减轻飞行体重。像其他的禽类一样，鸽的大肠内也生存着一些有益的微生物，它们可以利用肠道内容物合成 B 族维生素。但数量甚少，且几乎不被鸽吸收利用。这也是鸽特别是笼养鸽易出现维生素 B 族缺乏症的原因。

(七)泄殖腔 直肠末端的膨大部为泄殖腔，它是排泄和生殖的共同腔口，由直肠末端衍变而成，略呈球形，属消化系统中的最后器官，具短暂贮粪和排粪的作用。泄殖腔背侧是腔上囊(法氏囊)，只有在乳鸽时可以看到，此时法氏囊比泄殖腔大，是鸽的免疫器官，具有繁殖淋巴细胞，消灭细菌的作用。以后随着年龄的增加而逐渐退化，成年后只留有痕迹；泄殖腔的出口是肛门，肛门的上下缘形成背、腹、侧肛唇。15 日龄以前的乳鸽可清楚地看出肛唇的形态，根据公、母乳鸽的肛唇形态，可早期区分性别。

(八)肝脏及胰脏 肉鸽肝脏较大，约重 25 克，分为左、右两叶，右叶大于左叶。肝脏无胆囊，肝脏分泌的胆汁直接由肝胆管输入十二指肠。胰脏由内分泌部和外分泌部组成。外分泌占胰腺的大部分，属消化腺体，分泌的胰液通过三条导管直接进入十二指肠。胰液内含多种消化酶，对蛋白质、脂肪和糖的消化有重要作用；内分泌部称胰岛，主要分泌胰岛素，进入血液，参加新陈代谢过程。

鹌鹑的消化系统构造及其排列，基本相同于肉鸽，同样由口腔、食管、嗉囊、胃、小肠、大肠、肝脏、胰脏和泄殖腔 9 部分组成。在某些方面也有其独特之处,但功能仍相类似。

鹌鹑喙部细小,公鹑的上喙弯度大,尖锐。口腔上腭有 5 行横向排列、尖向后方的角质乳头,其第三行呈"V"字形。咽的顶壁有一裂缝,食管弹性大。嗉囊与食管的间距,按其体型而言,较其他禽类为远。胃分为腺胃和肌胃两部分。肠分为小肠和大肠,其小肠长度为身长的 3 倍。大肠包括 2 条盲肠及 1 条直肠,盲肠长 7～10 厘米,直肠很短。泄殖腔为消化道和泌尿生殖道共同开口于体外的管腔。公鹑泄殖腔腺特别发达,母鹑发育呈幼稚型,泄殖腔腺与睾丸有平行发育的相关性。鹌鹑的法氏囊(腔上囊)的重量与体重的比值比鸡大 4～5 倍。肝脏重约 4～6 克,胰呈淡红色,脾呈圆形、暗红色,重约 0.2 克。

由于鹌鹑新陈代谢旺盛,每次采食量虽有限,但消化率强,生产力高,应给予全价营养,少喂勤添,勿使其饥饿与断水。

四、肉鸽与鹌鹑的代谢特点

(一)蛋白质的代谢　鸽和鹌鹑均能很好地消化、吸收饲料中的蛋白质,利用效率一般在 60% 左右。饲料中的蛋白质在口腔中不被分解,在进入肌胃和腺胃后,蛋白质开始被消化分解,首先,胃内的盐酸使之饲料变为酸性,在胃蛋白酶的作用下分解为多肽。这些多肽以及尚未被分解的蛋白质随即进入小肠,小肠是消化蛋白质的主要器官,进到小肠的蛋白质和多肽,在小肠中的胰蛋白酶、糜蛋白酶、肠肽酶的作用下,最终被分解为氨基酸和小分子肽,经小肠黏膜吸收进入血液。未被消化的蛋白质,经大肠与粪便的其他物质一同排出体外,其中部分蛋白质在肠道微生物的作用下,可降解为吲哚、粪臭素、硫化氢、氨和氨基酸等。大肠中的微生物虽能利用氨和氨基酸合成菌体蛋白,但最终还是随粪排出体外。

经肠道吸收的氨基酸和小肽,通过血液循环进入肝脏,用于合成机体组织蛋白质，或当日粮能量不足时可转化成糖和脂肪，以提供能量。肉鸽与鹌鹑的线粒体中缺乏氨甲酰磷酸合成酶，不能形成尿素循环。因此，氨基酸的最终分解产物是尿酸。尿酸的成分中含有甘氨酸，肉鸽与鹌鹑每排出一分子尿酸，相应会丢失一分子甘氨酸。虽然肉鸽与鹌鹑能合成甘氨酸，但合成能力不能满足快速生长期的需要。所以，肉鸽与鹌鹑需要供给一定量的甘氨酸。

(二)碳水化合物的代谢　碳水化合物包括无氮浸出物和粗纤维两大类，它们在化学组成上很相似，都是以葡萄糖为基本结构单位，但它们的化学结构不同，其消化途径和代谢产物也完全不同。

无氮浸出物主要在胃和小肠中经多种消化酶的作用，最终被分解成葡萄糖，通过小肠黏膜细胞吸收进入血液，参与体内代谢。未被消化吸收的进入盲肠和结肠最终随粪便排出体外。据文献报道，无氮浸出物在肉鸽与鹌鹑体内的消化率为 $60\%\sim70\%$。体内消化道不含纤维素酶，粗纤维在胃和小肠中不被分解，粗纤维只能借助于大肠微生物的降解作用。但大肠很短，粗纤维停留的时间相应较短，不能很好地被微生物降解。因此，肉鸽与鹌鹑饲粮中粗纤维含量不能过高，一般为 $3\%\sim5\%$。

(三)脂肪的代谢　脂肪主要在十二指肠被消化吸收。脂肪在十二指肠乳化后，在胰脂肪酶的作用下，分解成脂肪酸和甘油三酯；脂肪中所含磷脂则由磷脂酶水解成溶血磷脂，胆固醇酯水解酶将胆固醇酯水解成胆固醇和脂肪酸。

脂肪水解后主要以甘油一酯和脂肪酸的形式被小肠吸收，而甘油二酯只有少量可被吸收。被小肠吸收的甘油一酯和脂肪酸，在肠黏膜内重新合成甘油三酯，在形成乳糜微粒后转运到全身各个组织，在肝脏中用于合成机体需要的各类物质，包括合成脂肪被贮存在体组织，或供给新陈代谢所需能量。

第二节 肉鸽与鹌鹑的营养需要

一、饲料中的营养物质与肉鸽和鹌鹑机体成分的比较

（一）饲料的营养物质组成见图 2-1

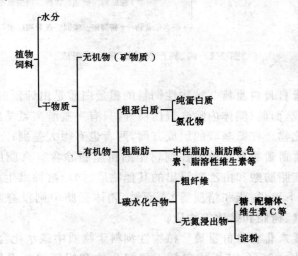

图 2-1 饲料的营养物质组成

（二）鸽、鹑产品的营养物质组成 为了了解鸽、鹑产品与饲料的相互联系，对其产品也进行同样的分析，其养分组成见图2-2。

（三）饲料与鸽、鹑体营养物质组成的区别 从以上资料分析可以看出，两者在营养物质组成上有许多相似处，如都含有水分、粗蛋白质、粗脂肪、粗灰分、碳水化合物、维生素和酶等营养物质。但若细分又可发现它们之间存在差异，且在营养物质的含量上也有明显的不同，例如：

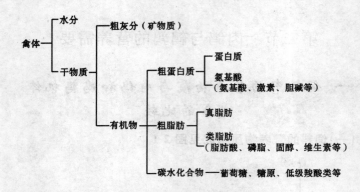

图 2-2　鸽、鹑产品的营养物质组成

1.蛋白质的组成　植物性饲料的粗蛋白质是由纯蛋白质和氨化物组成,而鸽、鹑体内除含蛋白质外,只有一些游离氨基酸,不含其他氨化物。在氨基酸的组成方面,两者也有很大差别;

2.脂肪的组成　植物性饲料中的粗脂肪除含有真脂肪外,还含有游离脂肪酸和由乙醚浸出的其他物质(如脂溶性维生素、叶绿素、胡萝卜素、树脂和蜡质等)。而鸽、鹑体脂肪中则没有叶绿素、胡萝卜素、树脂和蜡质等物质;

3.碳水化合物的组成　植物性饲料干物质中碳水化合物的含量占 60%～75%,其组成包括无氮浸出物和粗纤维。而鸽、鹑产品中碳水化合物的含量却很少,多不到 1%,并且不含粗纤维和淀粉,只含少量的葡萄糖和糖原。

鸽、鹑机体与植物体中各种营养物质的含量也不相同,一些物质还存在较大差异(表 2-1)。如植物性饲料中水分的含量,变化幅度 8%～95%;而鸽、鹑体内的含水量虽然也有变化,但多稳定在 50%～70%。植物性饲料中蛋白质的含量变化范围也较大,为 5%～47%;鸽、鹑产品中蛋白质的含量相对稳定。无氮浸出物和矿物质在含量方面也有类似的差异。

表 2-1 饲料与鸽、鹑产品主要化学物质组成比较 （％）

种 类	水 分	粗蛋白质	脂 肪	灰 分	无氮浸出物
玉 米	14.0	8.7	3.6	1.4	70.7
稻 谷	14.0	7.8	1.6	4.6	63.8
苜蓿(幼嫩)	82.0	4.7	0.8	1.8	7.6
鹑 肉	73.2	22.2	3.4	1.3	0.7
鹑 蛋	72.4	12.3	12.8	1.0	1.5
鸽 肉	73.2	24.5	0.7	1.3	0.7
鸽 蛋	81.7	9.5	6.4	0.7	1.7

注：根据《食物营养成分表》和《家禽营养与饲料配制》资料编辑

从以上资料分析可见,鸽、鹑体与植物体的组成间有相同处也有不同点,两者间存在着有机联系。例如,鸽、鹑机体内的水分主要来源于饮水和饲料水;合成鸽、鹑机体内的蛋白质则来源于饲料中的蛋白质;鸽、鹑体内的脂肪主是分解饲料中的粗脂肪和碳水化合物后合成而得;鸽、鹑机体内的糖分主要来源于饲料中的碳水化合物;鸽、鹑机体内的矿物质主要来源于饲料中的矿物质和饮水中的矿物质;组成鸽、鹑机体内的各种维生素,除少数在体内合成外,其余大多数都来自饲料。可见,鸽、鹑机体内的营养物质与饲料中的营养物质,存在着极其紧密的有机联系。

二、肉鸽的营养需要

肉鸽的生长、生产、繁殖都需要从饲料中摄取各种营养物质,如蛋白质、碳水化合物、脂肪、矿物质、维生素、微量元素和水分等。从事肉鸽饲养必须了解肉鸽对各种营养物质的需求及生理功能,才能有效利用饲料,获得优异的饲养效果。

（一）能量的需要 肉鸽对能量的需求量大,且其能量的需要受多种因素的影响而发生变化。例如,笼养鸽因其活动范围小,其能量需要就比散养鸽少;信鸽需要长距离飞翔,活动量大大高于肉鸽,能量消耗相应也比肉鸽多;高产鸽能量需要比低产鸽多;肉鸽脂肪的沉积与日龄递增存在正相关,能量的需要量随日龄而增加;哺育期的亲鸽,需要供给更多的能量;气温对能量的需要也有影响,低温比适宜气温时的能量需要量大。

饲粮中能量过低,生长鸽发育受阻,消瘦,体重减轻,抗病力减弱;成年种鸽体重下降,产蛋量减少。能量过高,成年种鸽身体过肥,脂肪浸润卵巢,繁殖力降低;生长鸽性早熟,影响繁殖和健康。

成年鸽每天大约需要 669 千焦的代谢能,在满足肉鸽能量需要时,还必须保持与其他营养物质的适当比例,特别是与蛋白质的比例,即人们所说的"能蛋比"。当饲粮中能量水平发生变化时,粗蛋白质的水平没有作相应调整,则可能造成蛋白质的浪费,并降低饲料报酬,或导致蛋白质的不足和体内脂肪沉积过多。因此,在考虑适宜能量的同时,应使能量水平与其他营养物质之间保持一个适当比例,才有利于维持鸽的正常生理活动和生产。

鸽与其他家禽一样有"为能而食"的本能,即采食量常随日粮能量浓度而异,日粮能量水平低时,采食量增加。反之,供给高能量日粮时,鸽的采食量也相应减少。肉鸽所需能量主要来源于含碳水化合物较多的能量饲料,如玉米、高粱、小麦、稻谷、燕麦等,为了全面满足肉鸽的营养需要,其饲粮中能量饲料应占 70%～80%。

(二)碳水化合与脂肪的需要

1. 碳水化合物 碳水化合物是鸽机体所需热能的主要来源,其生命活动所需要的能量有 70%～80% 来自碳水化合物。鸽体内碳水化合物的含量虽少,但对肉鸽的生命活动却十分重要。碳水化合物供应不足不利于鸽的生长、生产和繁殖,为了满足对能量的需求,还可能动用蛋白质来满足对能量的需求,从而降低了饲料的利用率;能量供给过多,同样不利于鸽子的生长发育和繁殖,可使肉鸽体内大量沉积脂肪,而导致机体过肥。同时,饲粮中碳水化合物的供应量还要根据季节变化和鸽的生长阶段进行调整。一般在夏季和生长鸽,供应量宜低,而在寒冷季节和育肥鸽,则应适当增加。

碳水化合物的来源很广,鸽的碳水化合物主要来自植物性的能量饲料,如玉米、小麦、高粱。

2. 脂肪　脂肪是所有营养物质中含能量最高的一种物质,鸽对脂肪的需要较少,但脂肪对鸽的生存却是必需的,它是鸽体组织的重要组成成分,特别是不饱和脂肪酸对肉鸽羽毛的生长、种鸽的繁殖极为重要。脂肪供应不足可导致一些必需脂肪酸的缺乏,阻碍鸽的生长发育,甚至造成死亡。因此,在换羽期间及繁殖期应适当添加含不饱和脂肪酸的饲料,如葵花籽、火麻仁。但脂肪供应量过多,也会导致肉鸽食欲下降、消化不良,甚至腹泻。一般说,鸽的饲粮中含 3% 的脂肪即可满足需要。

(三)蛋白质的需要　蛋白质是一切生命的基础,是肉鸽生长、生产和繁殖必不可少的物质,蛋白质由多种氨基酸构成。在生产实践中多以粗蛋白质表示其需要量,粗蛋白质包括纯蛋白质和非蛋白氮两部分。肉鸽对蛋白质的需要,归根结底是氨基酸的需要,氨基酸根据它在肉鸽体内的作用和能否合成,分为必需氨基酸和非必需氨基酸,前者多不能在体内合成,必须由饲料供给。肉鸽的必需氨基酸有 13 种,包括赖氨酸、蛋氨酸、色氨酸、苯丙氨酸、亮氨酸、异亮氨酸、缬氨酸、苏氨酸、组氨酸、精氨酸、甘氨酸、胱氨酸、酪氨酸(其中组氨酸、精氨酸对成年鸽属非必需氨基酸)等。在配制肉鸽饲粮时必须考虑供给必需氨基酸,以满足其生存、生长、生产和繁殖的需要。

饲粮中蛋白质和氨基酸不足,成年鸽性成熟滞后,种鸽产蛋量减少,蛋重减轻,受精率降低,死胚增加。孵出的乳鸽体质瘦弱、羽毛污秽,成活率低;哺乳期种鸽日粮蛋白质含量偏低,鸽乳的品质下降,分泌量减少,对乳鸽的生长发育及成活造成严重的不良影响,乳鸽食欲减退,羽毛生长不良。蛋白质严重不足,可产生厌食、体重下降、卵巢萎缩。日粮中蛋白质含量过高,会给肝脏及肾脏造成严重的负担,尿酸大量积聚,导致肝、肾病变,发生痛风等疾病,甚至引起死亡。一般繁殖期的亲鸽,其饲粮中粗蛋白质的水平不低于 15%~18%,但籽粒配成的饲粮多不能达到较高的蛋白质水平,仅含粗蛋白质 13%~16%。若采用全价颗粒饲料,则蛋白质含量可达 17%~18%,能满足肉鸽的需要。

饲料中必需氨基酸的含量和组成比例,是决定饲料蛋白质营养价值的重要因素。一般动物性蛋白质所含的氨基酸更接近肉鸽体蛋白的氨基酸组成,相对比较完全,含量也比较高。而植物性蛋白质所含的氨基酸对合成肉鸽体蛋白则嫌不足,如玉米含赖氨酸和色氨酸较少,豌豆的赖氨酸含量更少,大豆和豆饼的赖氨基酸较多,蛋氨酸较少,而菜籽饼则相反。若将几种饲料配合使用,取长补短,可促进肉鸽的生长,提高生产率。

蛋白质的主要来源为植物性蛋白质饲料,例如,原粒的大豆、豌豆、豇豆、绿豆、蚕豆以及各种榨油后的饼粕等。鸽很少采食动物性蛋白质饲料,但若将鱼粉、肉粉等添加到配合饲料中制成颗粒状,肉鸽也会采食。由于配合饲料的蛋白质更具全价性,更能满足肉鸽的需要,提高肉鸽的生产性能。

(四)矿物质的需要 矿物质是肉鸽生命活动中不可缺少的营养物质。目前需要考虑给肉鸽供应的矿物质,主要有钙、磷、钾、钠、氯、硫、镁、铁、铜、钴、硒、碘、锰、锌等。根据这些矿物质元素在肉鸽机体的含量,又分为常量元素和微量元素两大类,其中钙、磷、钾、钠、氯、硫、镁属常量元素,其余均为微量元素。各种矿物质元素的性质和作用有很大差别,在鸽机体内主要调节渗透压、维持酸碱平衡、激活酶系统等作用,也是构成骨骼、蛋及蛋壳、血液、体液、各种激素的成分。

在饲养过程中,如能量、蛋白质、脂肪、碳水化合物、维生素等营养物质都能满足肉鸽的生理需求,肉鸽仍出现精神萎靡不振、食欲减退、行动迟钝、脚软无力、生长迟缓、发育不良、繁殖力下降、贫血等症状,就应考虑矿物质供应是否充足,是否完全,舍饲的肉鸽尤其如此。

肉鸽对矿物质的需要量高于其他特禽,肉鸽摄取矿物质除通过饲料和饮水获得外,主要还是通过采食保健砂得到补充。

矿物质对集约化笼养鸽更重要,保健砂已成为集约化笼养鸽必不可少的物质。

1. 钙　钙是矿物质中需要量最多的一种,缺钙可致幼鸽易患软骨病,母鸽产软壳蛋,且蛋壳变薄,产蛋减少。钙摄入量过多可影响幼鸽的生长发育,并阻碍锰、镁、锌的吸收,幼鸽食欲不振,采食减少。钙在一般谷物中含量很少,必须在饲料中补充。

2. 磷　促进肉鸽骨骼的形成。鸽缺磷时可导致食欲减退、生长缓慢、啄羽、异食癖,严重时骨质疏松、易脆、关节硬化。

在供应肉鸽钙、磷时,除满足量的需要外,还应注意钙、磷的正常比例,钙、磷比例失调,同样能引起钙、磷代谢紊乱,健康受损。童鸽和青年鸽的钙、磷比以 1.2~1.5 : 1,产蛋鸽以 2~3 : 1 较宜。

3. 钾、钠、氯　鸽的饲料中通常不缺钾,只需补充食盐以满足钠、氯的需要。钠对肉鸽体内水分代谢和更新机体组织是必不可少的物质。食盐是氯和钠的主要来源。肉鸽对食盐的需要量较大,必须供给足够的食盐,成年鸽每只每天应供给食盐 0.2 克,其饲粮中食盐的含量应为 0.4%~0.5%,高于其他畜禽。若在保健砂中加入食盐,用量占保健砂的 4%~5% 较宜。鸽的食盐供给不足会出现消化不良,食欲不振,生长发育缓慢,产蛋减少,并引发啄肛、啄羽、异食癖等缺乏症。采食食盐过多也会导致中毒,亲鸽产蛋下降,雏鸽生长受阻,青年鸽腹泻,严重者引起死亡。

4. 锰　对肉鸽的生长、繁殖和骨骼的生长发育均十分重要。锰供应不足，可导致雏鸽骨骼发育不全，生长停滞。成鸽影响产蛋和孵化率。过量影响磷、钙的利用，并出现贫血。肉鸽饲料中锰的含量多不充足，需另外用锰盐补充。

5. 锌　有利于骨骼和羽毛的生长，促进锰和铜的吸收。日粮中锌不足可引起幼鸽食欲减退，生长发育受阻。母鸽产软壳蛋，孵化率下降，死胚增加。锌过量不利于铁和铜的吸收，并阻碍幼鸽的生长发育。糠麸饲料中锌含量较高。

6. 铁、铜、钴　是一组与贫血有关的微量元素，在肉鸽的生理活动中均是不可缺少的。肉鸽缺铁可产生缺铁性贫血，羽毛色素形成不良；摄入过多的铁可导致食欲下降，体重减轻，磷的吸收受阻。幼鸽日粮中铜不足也会引发贫血，骨骼出现异常，生长受阻；摄入过量的铜也可阻碍幼鸽的生长发育，严重时引发溶血症。饲粮中钴含量不足，可使体内维生素 B_{12} 的合成受阻，生长迟缓，并发生恶性贫血、骨短粗症。铁在谷类、豆类中含量较高，但铜的含量不多，需另补充。

7. 硒　硒属有毒营养元素，需要量与中毒量之间的距离很小，日粮中硒缺乏可致幼鸽心包积液，皮下水肿，积聚血样液体，严重时可致白肌病或脑软化症。在保健砂中添加 1～2 毫克/千克可预防缺硒症。饲粮中硒含量若超过 5 毫克/千克，可引起中毒，孵化率下降，胚胎畸形，成鸽性成熟延后。硒呈地区性缺乏，如从缺硒地区购进饲料，需注意补充亚硒酸钠等硒盐。

(五)维生素的需要　维生素在鸽机体中的含量甚微，但发挥的生理作用却十分重要。维生素根据其能溶解的溶剂可分为，水溶性维生素和脂溶性维生素两大类。水溶性维生素包括维生素 B 族中的维生素 B_1、维生素 B_2、维生素 B_6、维生素 B_{12}、泛酸、烟酸、胆碱、叶酸、生物素和维生素 C；脂溶性维生素包括维生素 A、维生素 D、维生素 E、维生素 K 等。

维生素的功用主要是参与控制和调节机体的新陈代谢。虽然肉鸽对维生素的需要量很少，但缺少就会造成生长发育不良，生产下降，抗病力减弱，产生各种缺乏症，甚至死亡。肉鸽机体新陈代谢必需的维生素约有十多种。多数维生素在肉鸽体内不能合成，有的虽能合成，但难以满足需要，其中维生素 A、维生素 D_3、维生素 E、维生素 B_1、维生素 B_2、维生素 B_{12} 等最易缺乏，其他维生素也多不能满足肉鸽的营养需要，需通过饲料或添加剂给予补充。

1. 维生素 A　维生素 A 与肉鸽的生长、繁殖有密切关系，对维持肉鸽的视力及黏膜的完整性有着重要的作用。维生素 A 可增强机体免疫力，提高幼鸽的生长速度。维生素 A 缺乏，幼鸽生长迟缓，发育不良，羽毛蓬乱，严重时可发生死亡；肉鸽视力减退，发生眼结膜炎、眼睑肿胀、眼球混浊、夜盲、甚至失明；种鸽生殖机能紊乱，不能正常繁殖。

维生素 A 原——胡萝卜素广泛存在于青绿饲料、黄玉米、胡萝卜等植物性饲料中，它在肉鸽肝脏内可转化为维生素 A。当从饲料中不能满足肉鸽对维生素 A 的需要时，可补充维生素 A 单体或鱼肝油每只每日 1～2 滴。维生素 A 单体可添加到保健砂中，最好是添加到颗粒饲料中，添加量可根据饲养标准确定。

2. 维生素 D_3　维生素 D 以维生素 D_3 的生理作用最显著，对调节钙磷平衡，促进钙磷吸收，参与骨的生长至为重要。缺乏时，种鸽蛋的品质下降，产蛋减少，产小蛋或软壳蛋，蛋壳变薄，孵化率降低。幼鸽发育不良，羽毛松散，易患佝偻病，骨骼弯曲，胸骨变形，步态蹒跚，甚至伏卧不起。成年鸽繁殖力下降，羽毛生长异常。经常到户外运动和采食青绿饲料的肉鸽不易缺乏维生素 D_3，舍饲鸽长期缺乏阳光照射，易产生维生素 D_3 缺乏症，应在饲粮或保健砂中添加维生素 D_3 或加入 0.1%鱼肝油。

3. 维生素 E　核酸代谢和酶的氧化还原需有维生素 E 的参加，还与肉鸽生殖密切相关，对种鸽的繁殖、肌肉的生长影响较大，缺乏时出现生殖机能障碍,繁殖力下降,睾丸萎缩变性,孵化率降低,胚胎常在发育至 4~7 日龄时死亡;乳鸽和童鸽患脑软化症,脑机能障碍,步履蹒跚,运动失调;维生素 K 与硒都缺乏时,童鸽患渗出性素质病,皮下组织水肿,腹部皮下有蓝绿色的黏性液体或肌肉出现淡黄色条纹;乳鸽生长迟滞,肌肉萎缩;种鸽产蛋减少、受精率降低。青饲料、谷物胚芽以及蛋黄中含量较多。

4. 维生素 B_1(硫胺素) 缺乏出现食欲不振,消化不良,维生素 B_1 严重缺乏时,可患多发性神经炎,腿、翅、颈痉挛,体况消瘦,头向后仰,并不停地向一侧旋转,严重者几周后死亡。维生素 B_1 供给不足,还可降低肉鸽的抗病力,易患鸽痘、鸟疫和白喉等传染病。谷实胚芽、米糠、麦麸、青饲料和青干草中维生素 B_1 含量较多。

5. 维生素 B_2(核黄素) 对鸽体内的氧化还原反应和调节细胞的呼吸发挥重要作用。缺乏维生素 B_2 的乳鸽和童鸽生长缓慢,羽毛蓬乱,皮肤干糙,足趾内弯、麻痹,关节触地走路;母鸽产蛋减少,种蛋孵化率降低,胚胎畸形或中途死亡。青饲料、酵母、青干草、麦芽、米糠、麦麸中含维生素 B_2 较多。

6. 维生素 B_6 包括吡哆醇、吡哆胺和吡哆醛等三种吡啶衍生物,三者的活性相同。植物性饲料中的维生素 B_6 主要以磷酸吡哆醇和磷酸吡哆胺形式存在,动物性饲料中的维生素 B_6 则以磷酸吡哆醛的形式存在。维生素 B_6 主要以辅酶的形式参与蛋白质、碳水化合物和脂肪的代谢;是鸽体内多种酶的辅酶,可促进甘氨酸与丝氨酸的转化;维生素 B_6 参与肉毒碱的合成,肉毒碱是脂肪代谢中促进脂肪酸转运的物质;牛磺酸、多巴胺、5-羟色胺、组胺和神经鞘脂的合成都需要维生素 B_6 的参与。

鸽维生素 B_6 缺乏时,食欲下降,生长滞后,羽毛零乱,体质虚弱,精神亢进,盲目运动或倒退,两翼拍打,痉挛等多种神经症状,甚至死亡。产蛋鸽的体重、产蛋量和孵化率均出现下降,死胚增加。

　　需要量受多种因素的影响。当饲粮中蛋白质过多或环境温度过高时,肉鸽对维生素 B_6 的需要量也增多。

　　维生素 B_6 广泛存在于动植物性饲料中,其中谷实、米糠、麦麸、酵母、动物性饲料都含有较多的维生素 B_6,一般不会发生缺乏症,但为了保证种鸽具有较高的生产性能,在饲粮中往往要添加维生素 B_6。

　　7. 泛酸　与蛋白质、脂肪和碳水化合物的代谢有关,还与核黄素的利用有关,当泛酸缺乏时,核黄素的需要量随之增加。泛酸的化学性质不稳定,易氧化分解。泛酸供应不足可引发皮肤炎和眼炎,口角局限性痂块,羽毛粗糙,生长停滞,骨短粗,种蛋孵化率降低。酵母、小麦、米糠、麦麸中含泛酸较多。

　　8. 生物素(维生素 H)　生物素以辅酶的形式参与蛋白质、碳水化合物和脂肪的代谢。当肉鸽缺乏生物素时,易患滑腱症和胫骨短粗症;生长迟缓,羽毛蓬松,继而足部起笋片,表皮裂纹、出血,再后则发生嘴角结痂,喙部顶端发生裂纹,有时上喙过度下弯,呈"鹦鹉嘴"状;眼睑发生皮炎,严重时上下眼睑粘连。

　　生物素的需要量受多种因素的影响,如饲料加工温度过高、饲料贮存时间太长、饲料中不饱和脂肪酸过多等都会增加生物素的需要量。生物素广泛存在于动植物性饲料中。但不同的饲料生物素的利用率不尽相同,以玉米、豆粕、酵母、动物性饲料中的生物素利用率高,其次是花生饼、菜籽饼,而小麦、高粱、麸皮中的生物素利用率很低。

　　9. 烟酸(尼克酸)　是一些酶的重要组成成分,与蛋白质、碳水化合物和脂肪的代谢有关。缺乏烟酸的童鸽食欲不振,生长发育受阻,羽毛生长不良,跗关节肿大,腿骨弯曲。种鸽孵化率降低,胚胎中途死亡。烟酸广泛存在于豆类、酵母、麸皮、米糠、青饲料和鱼粉中。

　　10. 叶酸　叶酸参与鸽机体内嘌呤、嘧啶、胆碱的合成和某些氨基酸代谢,也参与合成蛋白质;叶酸可维持免疫系统的正常功能。叶酸能被酸、碱、氧化剂和还原剂破坏,遇热和光易分解。

饲粮中叶酸不足时,乳鸽和童鸽发生巨红细胞贫血,不足时还影响血液中白细胞的形成,导致血小板和白细胞减少;生长发育受阻,羽毛发育不良、稀疏,骨骼变粗变短,产生滑腱症。饲料的利用率降低,种鸽的产蛋和孵化率均下降,死胚增加。

叶酸广泛分布于动植物性饲料中。青绿饲料、谷实饲料、饼粕饲料、动物性饲料中叶酸丰富,但家禽对它们的利用率低,需补充叶酸添加剂。

11. 维生素 B_{12} 又称钴胺素、氰钴素。维生素 B_{12} 参与多种代谢活动,参与蛋白质、核酸的生物合成,还能促进红细胞的发育和成熟。

缺乏维生素 B_{12} 童鸽能引发贫血,生长发育迟缓,步态不协调和不稳定,还可产生滑腱症或类似骨粗短症,死亡率高;食欲不振,饲料利用率降低;种蛋孵化率低,胚胎畸形,死胚增加,器官脂化。在常用的饲料原料中,只有动物性饲料含有维生素 B_{12},其中鱼粉含量最丰富,肉骨粉、血粉和羽毛粉也较多,在实际生产中还应使用维生素 B_{12} 添加剂。

12. 胆碱 是鸽体组织的构成成分,参与卵磷脂和神经磷脂的形成,还以乙酰胆碱的形式参与体内神经活动;胆碱参与肝脏的脂肪代谢,能防止发生脂肪肝;胆碱可以代替部分蛋氨酸。

鸽缺乏胆碱时,发生肌肉收缩障碍,消化功能下降,饲料利用率降低,生长滞后,肝脏中脂肪大量积聚,产生脂肪肝。肝脏变脆,易破裂出血,引起突然死亡;也可引发滑腱症,胫骨短粗。

饲料中的胆碱主要以卵磷脂的形式存在,胆碱的需要量与生长期和体内合成量有关。体内合成胆碱的数量和速度与饲粮中含硫氨基酸、甜菜碱、叶酸、维生素 B_{12} 以及脂肪的水平有关。常用饲料原料中,蛋白质饲料、青绿饲料都富含胆碱,在生产中可用氯化胆碱补充。

13.维生素 C　维生素 C 参与胶原蛋白质的合成;在生物氧化过程中起传递氢和电子的作用;促使机体内的三价铁还原为二价铁,促进铁离子的吸收和输送;具解毒功能,在肝脏中可以缓解铅、砷、苯等重金属和一些细菌所产毒素的毒性,阻止致癌物质亚硝基胺在机体内形成;还可保护细胞膜和其他易氧化物质不被氧化;可促进叶酸变为具有活性的四氢叶酸,并刺激肾上腺皮质类固醇的合成;能促使抗体形成,增强白细胞的噬菌能力,提高机体的免疫能力和抗应激功能。

当肉鸽缺乏维生素 C 时,可引起皮下、肌肉、肠道黏膜出血,发生"坏血症"和贫血;还可导致食欲不振,生长受阻,体重下降,羽毛无光,抵抗力下降,行动迟缓,皮下及关节出现弥漫性出血,抗应激能力下降;种鸽产蛋减少,蛋壳变薄。

禽类可在肝脏、肾脏、肾上腺和肠中合成维生素 C,合成的数量和速度基本上能满足需要,因此,在生产中可不补充。

(六)水的需要　水是肉鸽机体不可缺少的组成部分,是构成鸽躯体内各种组织、细胞及体液的主要成分,是体内生理生化过程的基本介质。鸽体内营养物质的分解、运送、消化、吸收、废物排出都离不开水;机体新陈代谢,维持正常的酸碱平衡、渗透压、体温调节、呼吸,保持细胞的正常形态,以及血液循环,水也是必不可少的物质;水还有润滑机体关节的作用,可减轻器官活动的摩擦。

乳鸽和蛋中水的含量约为 70%,成年鸽体内水分约占 60%,老年鸽仅 50%。肉鸽缺水后代谢紊乱,轻则出现消化障碍,体液丢失,体温升高,甚至生长停滞,产量下降,重则引起机体中暑罹病,甚至死亡。种鸽产蛋期缺水,可减少产蛋量,公鸽的精液品质下降,种蛋的受精率随之下降;哺乳期种鸽缺水时,乳糜分泌量减少,食物不能充分软化和发酵,乳鸽的生长和消化受阻。

三、鹌鹑的营养需要

鹌鹑与鸽同属鸟纲,在营养物质需求方面有许多相似之处,在此仅就特殊性予以叙述,其余部分可参考鸽的营养需要。

鹌鹑较其他畜禽的代谢更旺盛、体温高、呼吸、心跳均较快、生长发育迅速、性成熟早、产蛋量高、对营养物质的需求较高等特点。但其消化道短,消化能力不及其他禽类。

(一)能量的需要 鹌鹑在生命的整个新陈代谢活动中,每天从体表散发的热约为 62.8~66.9 千焦(15~16 千卡)。测定资料显示,其主要产品的热量分别是,100 克鹑肉中能量含量为 510 千焦(122 千卡);100 克去壳的鹌鹑蛋含能量 695 千焦(166 千卡),或一个鹌鹑蛋的能量约为 67 千焦(16 千卡)。这些能量主要来自饲料中的碳水化合物、脂肪,在碳水化合物和脂肪供给不足时,会动用部分饲料蛋白质供应热能。

据测定,从出壳到 42 日龄的幼鹑,每日因活动消耗的能量约17.15 千焦(4.1 千卡),体重每增加 1 克,消耗代谢能约 8.4 千焦(2 千卡)。

(二)蛋白质的需要 与其他畜禽一样,蛋白质也是鹌鹑生命活动的基础,是鹌鹑机体组织和产品的重要组成物质。鹌鹑 40 日龄时的体重是初生鹑体重的 20~25 倍;测定显示,鹑蛋中蛋白质含量约 12.3%,鹑肉约含 22.2%。鹌鹑的生长、繁殖和组织更新都离不开蛋白质。母鹑年产蛋总重也是体重的 20~25 倍。

当日粮中蛋白质和氨基酸供应不足,雏鹑则出现性早熟,生长迟缓、消化不良,食欲不振,羽毛生长不良,产蛋减少,蛋重变小。严重缺乏时,拒食,体重下降。饲粮中蛋白质和氨基酸供给超过需要,同样可导致鹌鹑过肥,食欲减退。产蛋鹑维持生存和从事生产,每日约需 5 克蛋白质,或日粮中蛋白质浓度达到 24%左右,比鸡高 5%~6%,1~4 周龄、5~6 周龄和 7 周龄以后粗蛋白质在饲粮的含量应分别达到 23%～28%、20%～22% 和 22%；肉用幼鹌鹑的饲粮中粗蛋白质含量应占到 24%～29%。

同样，鹌鹑对氨基酸的需要也分为必需氨基酸和非必需氨基酸。鹌鹑的必需氨基酸包括蛋氨酸、赖氨酸、组氨酸、色氨酸、苏氨酸、精氨酸、异亮氨酸、亮氨酸，苯丙氨酸、缬氨酸共 10 种，胱氨酸、酪氨酸和甘氨酸在特定条件下也必须由饲料供给，称为半必需氨基酸。必需氨基酸中容易缺乏的是赖氨酸、蛋氨酸和色氨酸。产蛋鹌鹑赖氨酸和蛋氨酸在饲粮中含量可分别达到 1.1% 和 0.8%；肉用幼鹌鹑的饲粮中赖氨酸和蛋氨酸的含量分别应占 1.4% 和 0.75%；甘氨酸对鹌鹑产蛋和繁殖性能有重要作用，日本鹌鹑饲粮中甘氨酸含量达 1% 时，鹌鹑的产蛋率、蛋重、受精率和孵化率都处于最佳水平，甘氨酸高于或低于此水平，均不能获得好的生产效果。

日粮中蛋白质与能量间应维持一定比例，即蛋白能量比（以每 1 兆焦或兆卡代谢能所含的蛋白质克数表示）。因为鹌鹑为能而食的特性，常因饲粮浓度的变化而影响采食量，若饲粮中能量浓度高，蛋白质浓度也应相应提高，才能弥补因采食量减少，而导致蛋白质摄入不足的缺陷；反之则应降低。鹌鹑适宜的蛋白能量比是 16.7～20.3 克/兆焦（70～85 克/兆卡）。

（三）碳水化合物和脂肪的需要 碳水化合物和脂肪都是鹌鹑所需能量的重要来源，碳水化合物则是主要来源，因植物性饲料中碳水化合物所占比重，远大于其他营养物质。碳水化合物中的粗纤维鹌鹑很难消化，在日粮中不应超过 5.0%，粗纤维能刺激消化道的消化作用，缺乏时会引起消化不良。

脂肪的能量为碳水化合物的 2.25 倍，是很好的能量来源。但在一般植物性饲料中含量很少。脂肪是脂溶性维生素的溶剂，缺乏脂肪时，脂溶性维生素因不被鹌鹑充分吸收，而导致缺乏。肉用仔鹑对能量的要求特别高，有时需要添加油脂补充对能量的需要。

(四)维生素的需要 鹑对维生素很敏感,维生素不仅关系到鹌鹑的生长发育,而且影响成年鹌鹑的产蛋。脂溶性维生素在鹌鹑体内有一定量的贮存,水溶性维生素一般很少贮存,必须在饲粮中供给,维生素 B 族和维生素 A、维生素 E、维生素 D 的补充尤为重要。许多维生素存在于饲料中,不喂添加剂的鹑场,必须保证青饲料的供应。在现代化鹑场,所需维生素均采用添加剂形式补充。各种维生素的作用和缺乏症见表 2-2。

表 2-2 鸽、鹑所需维生素的生理功能及缺乏症

种 类	功 能	缺乏症	备 注
维生素 A	促进骨骼生长,保护呼吸、消化、泌尿生殖道上皮细胞和皮肤的健康,增强抵抗力,为眼内视紫质的组成成分	生长缓慢,眼干燥症,夜盲,步态不稳,产蛋率、孵化率下降,羽毛蓬松,生长停止	植物性饲料中只有胡萝卜素,在鸽、鹑体内可转化为维生素 A,动物肝脏中有维生素 A 贮存
维生素 D	调节钙、磷代谢,促进钙、磷的吸收利用,为胚胎和骨骼正常发育所必需	生长缓慢,患佝偻病,软骨病,腿变形,喙及龙骨变软,胸骨弯曲,发育不良,产蛋减少,破蛋率提高,孵化率下降	皮肤在阳光和紫外光照射下能合成维生素 D
维生素 E	抗氧化作用,保证正常繁殖所必需;与硒和胱氨酸有协同作用	小脑软化症,渗出性素质病,营养性肌肉萎缩,睾丸萎缩,孵化率降低	青饲料、种子胚芽、蚕蛹油中含量丰富
维生素 K	形成凝血酶原,参与凝血	凝血时间延长,皮下肌肉出血,不易凝固	动物体内能自行合成。青饲料、籽实、鱼粉中多
维生素 B_1（硫胺素）	参与能量代谢,与神经、肌肉、胃肠活动有关	食欲不振,生长缓慢,多发性神经炎(头后仰),产蛋减少	籽实、糠麸、青饲料、酵母中较多
维生素 B_2（核黄素）	参与能量代谢和蛋白质、脂肪代谢过程,与几种酶有关	生长迟缓,曲趾麻痹,卷爪麻痹症,产蛋减少	容易缺乏,籽实、糠麸、青饲料、酵母中较多

续表 2-2

种　类	功　能	缺乏症	备　注
烟　酸 （尼克酸）	在代谢过程中起递氢作用，与维持皮肤、消化器官和神经系统功能正常活动有关	生长迟缓，关节肿大，羽毛蓬松，皮肤和脚趾性皮炎、眼周皮炎	许多谷实、酵母和动物性饲料中较多
生物素 （维生素 H）	参与脂肪、碳水化合物代谢	患皮炎、滑腱症，孵化率降低，生长缓慢	肠道中可大量合成
维生素 B_6	参与蛋白质和必需脂肪酸的代谢与红细胞形成以及与内分泌有关	生长迟缓，羽毛不正常，雏鸽痉挛，产蛋量减少，孵化率降低	肝脏、酵母、谷实中较多
维生素 B_{12}	促进红细胞发育成熟，参与碳水化合物和脂肪的代谢，促进胆碱的生成和叶酸的利用	生长迟缓，肌胃黏膜发炎，种蛋不能用于孵化	植物性饲料中没有，存在于动物性饲料和发酵产物中
胆　碱	参与甲基转移和脂肪代谢	肝脏脂肪浸润、肾出血，滑腱症	日粮蛋白质含量降低时易缺乏
叶　酸	参与氨基酸代谢，促进红细胞形成	生长缓慢，贫血，各种血液病，皮炎，脱毛	肠道微生物可合成
泛　酸	参与能量代谢和碳水化合物、脂肪、蛋白质的代谢	生长迟缓，皮炎、脱毛，肝脏脂肪浸润，胚胎死亡，眼分泌物多，以至眼睑黏合，喙、趾结痂	分布很广，玉米中含量较高
维生素 C	形成胶原纤维所需，影响骨、齿与软组织细胞间质的结构，促进铁的吸收	坏血病，抗病力下降	体内能合成；高温应激时应增加

　　（五）矿物质的需要　　矿物质的主要作用是构成鹌鹑骨骼，并存在于体液和细胞液中，是形成鹌鹑体组织和器官的重要成分，它能调节鹌鹑体内的渗透压，维持酸碱平衡，保证生长、生产和繁殖活动的正常进行。

　　鹌鹑矿物质需要研究较多的有 14 种元素,其中钙和磷是鹌鹑需要量最多的矿物质元素,它们是构成骨骼的主要成分。钙还是形成蛋壳的主要成分,产蛋鹌缺钙对可使产蛋量减少,产软壳蛋或蛋壳变薄,破蛋率增加,严重者将停止产蛋。在生产实践中,除应注意满足钙和磷的需要外,还要注意钙磷比例。在一般情况下,生长鹌饲粮钙磷比 1～2：1;产蛋鹌饲粮钙磷比则以 3～3.5：1 为宜。

　　鹌鹑所需矿物质的生理功能和缺乏症参见表 2-3。

表 2-3　鸽、鹌所需矿物质的生理功能及缺乏症

元　素	主要功能	缺乏症	备　注
钙	形成骨骼、蛋壳;与神经调节、肌肉活动、血液凝固有关	佝偻病,软骨病,产薄壳蛋,产蛋率和孵化率降低	过量时影响锌和其他元素的利用
磷	形成骨骼,与能量、碳水化合物、脂肪的代谢和蛋白质合成,维持血液酸碱平衡有关;为细胞膜的组成成分	佝偻病,异食癖,厌食,产蛋率降低	应维持一定的钙、磷比例
钾	维持体内正常渗透压和酸碱平衡;与肌肉活动和碳水化合物代谢有关	生长停滞,消瘦,肌肉软弱,嗜睡,后肢僵直	过多可影响镁的吸收
钠	维持体内正常渗透压和酸碱平衡;与肌肉收缩和胆汁形成有关	生长停滞,体重减轻,产蛋下降,消化不良,厌食	过多且饮水不足时易引起中毒
氯	维持体内正常渗透压和酸碱平衡;在胃内形成盐酸	抑制生长,对噪声过敏	过多或过少时易引起酸碱平衡失调,亲鸽产蛋下降,雏鸽生长受阻,青年鸽腹泻,严重者引起死亡
镁	参与骨骼构成,与能量代谢有关,维持神经系统正常生理功能,降低组织兴奋性	兴奋、过敏、痉挛,食欲下降,肌肉僵硬	过多时抑制其他 2 价金属离子的吸收

续表 2-3

元素	主要功能	缺乏症	备注
硫	含硫氨基酸的组成成分,形成羽毛、体组织;组成维生素 B_1 和生物素等,与能量、碳水化合物和脂肪代谢有关	生长停滞,羽毛发育不良,体重减轻,羽毛变劣,厌食	
铁	为血红蛋白组成成分,保证体内氧的运送	缺铁性贫血,生长不良,羽毛粗乱,缺氧症	铁的正常代谢需要足够的铜,铁过多干扰磷的吸收
铜	与造血和色素形成有关;促进骨骼发育、羽毛生长	贫血,骨质脆弱,羽毛褪色,四肢软弱无力,产蛋减少	与铁、钴组成一组造血元素,过量易中毒
钴	为维生素 B_{12} 的组成成分,与蛋白质、碳水化合物代谢有关	生长迟缓,孵化率低,食欲不振,精神萎靡	
锌	为骨骼和羽毛发育所必需;与蛋白质合成有关;参与碳水化合物的代谢	食欲不振,生长不良,羽毛发育不良,角化不全症	过多则影响铜代谢
锰	为骨的组成成分,与蛋白质、碳水化合物和脂肪代谢有关	生长不良,滑腱症,腿短而弯曲,关节肿大	过多可抑制钙的吸收
碘	为甲状腺素组成成分,与物质代谢有关	甲状腺肿大,产蛋减少	我国大部分地区缺碘,注意补充
硒	为谷胱甘肽过氧化物的组成成分,有抗氧化作用,能防止细胞膜氧化破坏	渗出性素质病,胰脏变性,繁殖功能紊乱	与维生素 E 有协同作用,有剧毒,防止过量

(六)水的需要　鹌鹑机体和鹑蛋中水的含量约为 70%。体内的一切代谢活动都离不开水,缺水后代谢活动便会受到扰乱。鹌鹑缺水对机体的危害远大于饲料缺乏,当鹑缺乏饲料时,生命仍可维持数日,断水 4 小时,即可造成产蛋量下降 30% 左右,蛋壳变薄,蛋变小;停水 8 小时,产蛋显著减少;体内水分减少 10% 时就

会造成代谢紊乱,减少 20％可导致死亡。

鹌鹑的饮水量受其生理状况、饲料、气温、饮水温度、活动情况及产蛋量等因素的影响,尤以产蛋量和气温的影响最大。气温超过 22℃,每升高 1℃,饮水量约增加 7％;生产水平提高,需水量随之增加;幼鹑单位体重的需水量是成年鹌鹑的 1 倍,甚至更多。因此,必须保证充足的清洁饮水。

四、各种营养物质在鸽、鹑营养中的相互关系

为了提高饲料中营养物质转化为鸽、鹑产品的转化效率,必须充分了解各种营养物质在鸽、鹑营养代谢过程中的错综复杂的相互关系,这些关系主要表现为各种营养物质间的协同作用、相互转化、拮抗和替代。这就要求在供给鸽、鹑营养物质时,相互之间应保持适宜的比例,从而保证它们能充分有效的被利用。

(一)能量与蛋白质的相互关系　能量和蛋白质是家禽营养中的两大重要的指标,家禽饲粮中能量和蛋白质必须保持合适的比例,否则会影响到营养物质利用效率并导致营养障碍。禽类都有为能而食的能力,常根据饲粮能量浓度调节采食量,当饲粮中的能量太低时,鸽、鹑的采食量将有所增加,从而使蛋白质的绝对摄入量也相应增加,鸽、鹑就会将这部分过量的蛋白质分解供能,造成蛋白质的浪费;当鸽、鹑采食高浓度能量饲粮时,采食量随之降低,蛋白质和其他营养物质的绝对摄入量同时相应减少,鸽、鹑的生长速度和产蛋量也因之下降。因此,鸽、鹑饲粮中能量和蛋白质之间必须保持适当比例。

(二)理想蛋白质氨基酸模式　理想蛋白质氨基酸模式是指蛋白质的氨基酸在组成和比例上与家禽所需蛋白质的氨基酸的组成和比例一致,包括必需氨基酸以及必需氨基酸和非必需氨基酸之间的组成和比例,家禽对该种蛋白质的利用率应为 100％。这种蛋白质被称为"理想蛋白质"。

理想蛋白质氨基酸模式,一定要考虑饲粮中氨基酸的消化率,也就是说,氨基酸平衡模式应以可消化氨基酸为基础,而不能以总氨基酸为基础,理想蛋白质中氨基酸模式通常以赖氨酸为基础,以赖氨酸的需要量作为100,其他氨基酸的需要量用相对比例表示。因为:①赖氨酸的分析测定比较容易,也比较准确,尤其是与含硫氨基酸和色氨酸相比。②赖氨酸的生理作用单纯,主要用于机体蛋白质的合成。③赖氨酸是目前研究最多的氨基酸,也是研究比较深入的氨基酸。④赖氨酸通常是多种饲料的主要限制性氨基酸。⑤在畜禽饲粮中添加赖氨酸较经济。

近年对理想蛋白质氨基酸模式进行了广泛深入地研究,产生了一批好的模式。

表 2-4 和表 2-5 是研究推荐的两种模式供读者参考。

表 2-4 家禽日粮氨基酸组成建议模式

氨基酸	肉鸡(0～3 周龄)	蛋 鸡	肉 鸭(0～2 周龄)
	NRC(1994)	NRC(1994)	
赖氨酸	100	100	100
精氨酸	114	82	122
异亮氨酸	73	72	70
亮氨酸	109	—	140
蛋氨酸	45	40	44
苯丙氨酸	65	—	
苏氨酸	73	62	
色氨酸	18	20	26
缬氨酸	83	—	87

摘自刘建胜主编.《家禽营养与饲料配制》

表 2-5　肉鸭理想蛋白质氨基酸模式

氨基酸	赖氨酸	蛋氨酸	精氨酸	苏氨酸	缬氨酸	异亮氨酸	色氨酸
肉鸭	100	38	94	70	72	55	18

摘自陈玉玲等.《家禽理想蛋白质氨基酸模式》,畜牧与兽医 2002,vol.34

运用理想蛋白质氨基酸模式不仅提高饲料利用率,还有利于环境保护。集约化养殖造成了严重的污染,其中氮和磷是环境污染的重要因素。利用理想氨基酸模式,提高了家禽对日粮蛋白质的利用率,从而减少了由排泄物导致的环境污染,禽舍环境得到改善。此外,因为过多的氮以尿素或尿酸的形式排出,而合成这些物质需耗用腺嘌呤核苷三磷酸(ATP),所以理想氨基酸平衡可缓解家禽应激,这对笼养家禽特别重要。

(三)蛋白质、碳水化合物及脂肪的相互关系　蛋白质、碳水化合物和脂肪在机体代谢过程中可以相互转化,但这些转化受一些因素的制约,如脂肪和碳水化合物转化为蛋白质时,必须有氨基来源,并且只能转化为非必需氨基酸;脂肪的甘油部分可转变为碳水化合物;除了必需脂肪酸必须由饲料提供外,鸽、鹌机体中的多数脂肪都可以由碳水化合物转化而来。

(四)粗纤维与其他有机物质间的关系　鸽、鹌饲粮中粗纤维不能过多,但也不能没有或太低,过高可影响有效营养物质的摄入量,降低其他有机物质的消化率。鸽、鹌饲粮中粗纤维过低会影响肠胃蠕动,减少消化液的分泌,降低饲料消化率。

(五)主要有机物质与矿物质之间的关系

1. 有机物质与钙、磷的关系　饲粮中蛋白质、氨基酸含量高时,能够促进钙、磷吸收;饲粮中的葡萄糖和果糖有利于造成肠胃的酸性环境,这样的环境能促进钙、磷的吸收;饲粮脂肪含量高不利于钙的吸收。

2. 氨基酸与常量元素、微量元素之间的关系　饲粮中氨基酸含量高时,可促进矿物质元素的吸收。一些微量元素能与氨基酸形成螯合物,从而提高了这些微量元素的利用率。

3. 锌与碳水化合物、脂肪的代谢 锌能增加血糖量和肝糖原的合成。饲粮中锌含量增加,可促进体内脂肪的氧化分解,从而降低肌肉和肝脏中脂肪的含量。

(六)主要有机物质与维生素之间的关系

饲粮中维生素 A 缺乏时,蛋氨酸在机体组织蛋白质中的沉积量减少;饲粮中蛋白质供给不足时,禽类对维生素 A 的利用率降低;蛋白质的生物学价值对维生素 A 的利用和贮存有一定影响,生物学价值低时,维生素 A 的利用下降。

维生素 D_3 的代谢物 1,25-二羟基胆钙化醇,可以引起信息核糖核酸的生物合成,并在小肠黏膜中促使转移钙的蛋白质的合成,有利于钙的吸收。

核黄素是黄素酶的组成成分,黄素酶与蛋白质代谢有关,核黄素少量缺乏也会影响蛋白质的存积;饲喂高脂肪日粮时,应增加核黄素的供给量。

吡哆醇参与氨基酸的代谢,饲粮中吡哆醇缺乏,可降低机体氨基酸移换酶的活性,降低氨基酸合成蛋白质的效率

维生素 A 参与碳水化合物和某些脂类的代谢;维生素 E 可使不饱和脂肪酸不遭受氧化破坏;泛酸是辅酶 A 的组成成分,参与碳水化合物和脂肪的代谢;烟酸为辅酶Ⅰ、Ⅱ的成分,参与碳水化合物、脂肪及氨基酸代谢。胆碱不足可干扰脂肪代谢。

(七)矿物质之间的相互关系

1. 维持骨骼正常生长发育的矿物质间的关系 钙与磷之间必须保持适宜的比例,两者中的一种元素过量都会影响另一种元素的吸收。

饲粮中钙、磷过多,影响镁的吸收。而镁过量也会影响钙的吸收和沉积。

适量的锰可增强骨骼中磷酸酶的活性,促进钙、磷的吸收,但锰过多也可影响钙的吸收。而钙过多又阻碍锰的吸收;钙与锌之间存在拮抗作用,钙供应过量可引起锌的缺乏。

铜可促进钙、磷在软骨基上的沉积,钙、磷需要量增加时,铜的需要量也要相应增加。

2. 铁、铜、钴是一组造血元素 血红蛋白中含有铁元素,铜可促进铁合成血红蛋白,钴以维生素 B_{12} 形式参与造血。饲粮中铜不足时可降低铁的吸收,钴缺乏时血红素的合成受阻,同样可致贫血。

3. 钾、钠、氯是维持体液恒定的一组元素 食盐与钙、钾之间存在拮抗,增加饲粮中钙和钾的含量可防止食盐中毒。

4. 镉与锌存在拮抗关系 饲粮中若含有氯化镉可降低锌的吸收。

5. 硒与砷、碘的关系 砷能抑制硒在肠道中的吸收,缺硒可加重碘的缺乏症。

(八)维生素间的相互关系

1. 维生素 E 与维生素 A、D 的关系 维生素 E 能促进维生素 A 和维生素 D 的吸收,并具有保护作用,可使维生素 A 和 D 免遭氧化破坏。维生素 E 能促进维生素 A 在肝脏中的贮存,还能促成胡萝卜素在肝脏中转化为维生素 A。

2. 硫胺素、核黄素、吡哆素、烟酸间的关系 硫胺素缺乏,影响核黄素的利用,促使核黄素大量随尿排出。核黄素缺乏时禽体内硫胺素含量随之下降。核黄素和烟酸同是生物氧化中辅酶的成分,具有协同功效,核黄素不足可导致烟酸缺乏症。硫胺素、核黄素和吡哆素参与色氨酸合成烟酸的过程。

3. 维生素 B_{12} 与泛酸、胆碱、叶酸、吡哆醇间的关系 维生素 B_{12} 不足,可增加动物对泛酸的需要。泛酸缺少,加重维生素 B_{12} 缺乏的症状。吡哆醇不足,可降低维生素 B_{12} 的吸收。

4. 维生素 C 与其他维生素间的关系　维生素 C 能缓减维生素 A、维生素 E、维生素 B_1、维生素 B_2、维生素 B_{12} 及泛酸缺乏出现的症状；能增加维生素 B_1 在体内的贮存；叶酸和生物素可以促进维生素 C 的合成；机体内维生素 A 和维生素 E 缺少，维生素 C 的合成减少。

（九）维生素与矿物质间的关系

1. 维生素 D 与钙磷平衡　维生素 D 能调节钙磷平衡，促进钙、磷的吸收和在骨组织中的沉积。

2. 维生素 E 与硒　维生素 E 与硒具有协同的作用，缺乏症也相似。只有硒存在的情况下，维生素 E 才能在机体组织中发挥作用，维生素 E 具有代替部分硒的作用，但硒不能代替维生素 E。实际饲喂中，维生素 E 和硒常常同时补充。

3. 维生素 C 与铁　维生素 C 可促进铁的吸收，可消除饲粮中过量铜造成的不良影响。

4. 锰与烟酸　饲粮中锰不足，不利于烟酸的吸收利用，易患滑腱症。

（十）氨基酸之间的相互关系

1. 氨基酸的相互转化与代替　蛋氨酸可转化为胱氨酸和半胱氨酸，因此，胱氨酸的需要量，部分可由蛋氨酸来满足。酪氨酸不足时，可由苯丙氨酸来补充，但酪氨酸不能代替饲粮中的全部苯丙氨酸。在吡哆醇的作用下丝氨酸和甘氨酸可互相转化。

2. 氨基酸之间的拮抗作用　精氨酸或精氨酸和胱氨酸配合可阻碍赖氨酸的吸收，精氨酸、赖氨酸与鸟氨酸配合又可影响胱氨酸的吸收。亮氨酸与异亮氨酸、缬氨酸与甘氨酸、苯丙氨酸与缬氨酸、苯丙氨酸与苏氨酸之间在代谢中都存在一定的拮抗作用，蛋氨酸可阻碍赖氨酸的吸收，最典型的是精氨酸与赖氨酸之间的拮抗。

综合以上叙述可见，各种营养物质之间存在着极其复杂的相互协同和制约的关系。这些关系是否协调，各种营养物质之间的配伍是否平衡,对于鸽、鹌的健康、生产潜力的发挥及饲料转化率都具有较显著的影响。饲料配制时,既要充分满足鸽、鹌的营养需要,又要保持各种营养物质之间的平衡,才能充分发挥饲料的饲养效果。

第三节 肉鸽与鹌鹑的饲养标准

一、肉鸽的饲养标准

目前,国内尚无统一的肉鸽饲养标准。现将国外及一些企业制定的肉鸽饲养标准或营养需要量择要介绍于后(见表 2-6)至表 2-13),仅供参考。

表 2-6　肉鸽的参考饲养标准之一

营养需要	青年鸽	非育雏期亲鸽	育雏期亲鸽
代谢能(兆焦/千克)	11.7	12.5	12.9
粗蛋白质(%)	13~14	14~15	17~18
粗纤维(%)	3.5	3.2	2.8~3.2
钙(%)	1	2	2
磷(%)	0.65	0.85	0.85

表 2-7　肉鸽的参考饲养标准之二

时　期	营　养　需　要					
	代谢能(兆焦/千克)	粗蛋白质(%)	粗纤维(%)	粗脂肪(%)	钙(%)	磷(%)
童　鸽	12.13	13~15	3.5	2.7	1	0.65
青年鸽	12.55	16~18	3.2	3	1.5	0.85
非育雏期亲鸽	12.98	12~14	3~3.2	3~3.2	2.5	0.85

表 2-8　肉鸽参考饲养标准之三

鸽别	代谢能 (兆焦/千克)	粗蛋白质 (%)	粗纤维 (%)	粗脂肪 (%)	钙 (%)	磷 (%)
幼　鸽	11.72～12.14	14～16	3～4	3	1～1.5	0.65
繁殖种鸽	11.72～12.14	16～18	4	3	1.5～2.0	0.65
非繁殖种鸽	11.73	12～14	4～5	—	1	0.60

表 2-9　肉鸽参考饲养标准之四

鸽别	代谢能 (兆焦/千克)	粗蛋白质 (%)	粗纤维 (%)	粗脂肪 (%)	钙 (%)	磷 (%)
青年鸽	11.7	13～14	3.5	—	1.0	0.65
非育雏期种鸽	12.5	14～15	3.2	—	2.0	0.85
育雏期种鸽	12.9	17～18	2.8～3.2	—	2.0	0.85

表 2-10　肉鸽参考饲养标准之五

鸽别	代谢能 (兆焦/千克)	粗蛋白质 (%)	粗纤维 (%)	粗脂肪 (%)	钙 (%)	磷 (%)
童　鸽	12.13	13～15	3.5	2.7	1.0	0.65
青年鸽	12.55	16～18	3.2	3	1.5	0.85
非育雏期种鸽	12.98	12～14	3～3.2	3～3.2	2.5	0.85

表 2-11　肉鸽的参考饲养标准之六

营养需要	育雏期亲鸽	非育雏期亲鸽	童　鸽
代谢能(兆焦/千克)	12.0	11.6	11.9
粗蛋白质(%)	17	14	16
蛋白能量比(克/兆焦)	240	210	230
钙(%)	3	2	0.9

续表 2-11

磷（%）	0.6	0.6	0.7
有效磷（%）	0.4	0.4	0.6
食盐（%）	0.35	0.35	0.3
蛋氨酸（%）	0.3	0.27	0.28
赖氨酸（%）	0.78	0.56	0.60
蛋氨酸＋胱氨酸（%）	0.57	0.50	0.55
色氨酸（%）	0.15	0.13	0.60
维生素 A（单位/千克）	2000	1500	2000
维生素 D_3（单位/千克）	400	200	250
维生素 E（毫克/千克）	10	8	10
维生素 B_1（毫克/千克）	1.5	1.2	1.3
维生素 B_2（毫克/千克）	4.0	3.0	3.0
泛酸（毫克/千克）	3.0	3.0	3.0
维生素 B_6（毫克/千克）	3.0	3.0	3.0
生物素（毫克/千克）	0.2	0.2	0.2
胆碱（毫克/千克）	400	200	200
维生素 B_{12}（微克/千克）	3.0	3.0	3.0
亚麻酸（%）	0.8	0.6	0.5
烟酸（毫克/千克）	10	8	10
维生素 C（毫克/千克）	6.0	2.0	4.0

表 2-12 肉鸽每千克日粮中的氨基酸、维生素需要量

营养需要	单　位	需要量	营养需要	单　位	需要量
蛋氨酸	克	1.8	维生素 B_2	毫克	24
赖氨酸	克	3.6	维生素 B_6	毫克	2.4
缬氨酸	克	1.2	尼克酰胺	毫克	24

续表 2-12

营养需要	单 位	需要量	营养需要	单 位	需要量
异亮氨酸	克	1.1	亮氨酸	克	1.8
苯丙氨酸	克	1.8	维生素 E	毫克	20
色氨酸	克	0.4	维生素 C	毫克	14
维生素 A	单位	4000	生物素	毫克	0.04
维生素 D_3	单位	900	泛 酸	毫克	7.2
维生素 B_1	毫克	2	叶 酸	毫克	0.28

表 2-13　500 克体重成年肉鸽每天对维生素和氨基酸的需要量

维生素	需要量	氨基酸	需要量
A(单位)	2000	蛋氨酸(克)	0.09
D_3(单位)	45	赖氨酸(克)	0.18
B_1(毫克)	0.1	缬氨酸(克)	0.06
B_2(毫克)	1.2	色氨酸(克)	0.02
B_6(毫克)	0.2	亮氨酸(克)	0.09
C(毫克)	0.7	异亮氨酸(克)	0.055
E(毫克)	1.0	苯丙氨酸(克)	0.09
尼克酰胺(毫克)	1.2		
泛酸(毫克)	0.36		

二、鹌鹑的饲养标准

各国制定的鹌鹑饲养标准,见表 2-14 至表 2-20。

表 2-14　中国白羽鹌鹑营养需要建议量

营养需要	0～3 周	4～5 周	种鹌鹑
代谢能(兆焦/千克)	11.92	11.72	11.72
粗蛋白质(%)	24	19	20
蛋氨酸(%)	0.55	0.45	0.50
蛋氨酸+胱氨酸(%)	0.85	0.70	0.90
赖氨酸(%)	1.30	0.95	1.20
精氨酸(%)	1.25	1.00	1.25
甘氨酸+丝氨酸(%)	1.20	1.00	1.17
组氨酸(%)	1.36	0.30	0.42
亮氨酸(%)	1.69	1.40	1.42
异亮氨酸(%)	0.98	0.81	0.90
酪氨酸+苯丙氨酸(%)	1.80	1.50	1.40
苯丙氨酸(%)	0.96	0.80	0.78
苏氨酸(%)	1.02	0.85	0.74
色氨酸(%)	0.22	0.18	0.19
缬氨酸(%)	0.95	0.79	0.92
钙(%)	0.90	0.70	3.00
有效磷(%)	0.50	0.45	0.55
钾(%)	0.40	0.40	0.40
钠(%)	0.15	0.15	0.15
氯(%)	0.20	0.15	0.15
镁(毫克/千克)	300	300	500
锰(毫克/千克)	90	80	70
锌(毫克/千克)	100	90	60
铜(毫克/千克)	7	7	7

续表 2-14

项 目	0～3 周	4～5 周	种鹌鹑
碘(毫克/千克)	0.30	0.30	0.30
硒(毫克/千克)	0.20	0.20	0.20
维生素 A(单位/千克)	5000	5000	5000
维生素 D(单位/千克)	1200	1200	2400
维生素 E(单位/千克)	12	12	15
维生素 K(单位/千克)	1	1	1
核黄素(毫克/千克)	4	4	4
烟酸(毫克/千克)	40	30	20
维生素 B_{12}(毫克/千克)	3	3	3
胆碱(毫克/千克)	2000	1800	1500
生物素(毫克/千克)	0.3	0.3	0.3
叶酸(毫克/千克)	1	1	1
硫胺素(毫克/千克)	2	2	2
吡哆醇(毫克/千克)	3	3	3
泛酸(毫克/千克)	10	12	15

注：1. 转引自北京市种鹑场.《白羽鹌鹑鉴定技术文件》,1990
　　2. 引自《鹌鹑》,2001

表 2-15　美国 NRC 建议的日本鹌鹑营养需要量 （干物质＝90％）

营养需要	开食和生长阶段	种鹌鹑
代谢能(兆焦/千克)	12.56	12.56
蛋白质(%)	24.00	20.00
精氨酸(%)	1.25	1.26
甘氨酸＋丝氨酸(%)	1.20	1.17
组氨酸(%)	0.36	0.42
异亮氨酸(%)	0.98	0.90
亮氨酸(%)	1.69	1.42
赖氨酸(%)	1.30	1.15

续表 2-15

营养需要	开食和生长阶段	种鹌鹑
蛋氨酸＋胱氨酸（%）	0.75	0.76
蛋氨酸（%）	0.50	0.45
苯丙氨酸十酪氨酸（%）	1.80	1.40
苯丙氨酸（%）	0.96	0.78
苏氨酸（%）	1.02	0.74
色氨酸（%）	0.22	0.19
缬氨酸（%）	0.95	0.92
亚油酸（%）	1.00	1.00
钙（%）	0.80	2.50
有效磷（%）	0.45	0.55
钾（%）	0.40	0.40
镁（毫克/千克）	300	500
钠（%）	0.15	0.15
氯（%）	0.20	0.15
锰（毫克/千克）	90	70
锌（毫克/千克）	25	50
铜（毫克/千克）	6	6
铁（毫克/千克）	100	60
碘（毫克/千克）	0.30	0.30
硒（毫克/千克）	0.20	0.20
维生素 A（单位/千克）	5000	5000
维生素 D（单位/千克）	1200	1300
维生素 E（单位/千克）	12	25
维生素 K（单位/千克）	1	1
维生素 B_2（毫克/千克）	4	4

续表 2-15

营养需要	开食和生长阶段	种鹌鹑
泛酸（毫克/千克）	10	15
烟酸（毫克/千克）	40	20
维生素 B₁₂（毫克/千克）	0.003	0.003
胆碱（毫克/千克）	2000	1500
生物素（毫克/千克）	0.30	0.15
叶酸（毫克/千克）	1	1
硫胺素（毫克/千克）	2	2
吡哆醇（毫克/千克）	3	3

注：引自美国 NRC《家禽营养需要》，1984，第 8 版

表 2-16　日本农林水产省(1992)建议的鹌鹑营养需要量

营养需要	育成期(0～5 周龄)	产蛋期
代谢能（兆焦/千克）	11.7	11.7
粗蛋白质（%）	22.0	24.0
精氨酸（%）	1.40	1.25
甘氨酸＋丝氨酸（%）	1.70	1.70
组氨酸（%）	0.40	0.40
异亮氨酸（%）	1.10	1.00
亮氨酸（%）	1.90	1.70
赖氨酸（%）	1.20	0.90
蛋氨酸（%）	0.50	0.45
蛋氨酸＋胱氨酸（%）	0.90	0.80
苯丙氨酸＋酪氨酸（%）	2.10	2.00
苯丙氨酸（%）	1.10	1.10
苏氨酸（%）	1.20	1.10
色氨酸（%）	0.25	0.25

续表 2-16

营养需要	育成期(0~5周龄)	产蛋期
缬氨酸(%)	1.10	1.00
钙(%)	0.80	2.50
非植酸磷(%)	0.45	0.55
总磷(%)	0.65	0.80
钾(%)	0.40	0.40
钠(%)	0.15	0.15
氯(%)	0.20	0.15
镁(%)	0.05	0.05
铜(毫克/千克)	6.0	6.0
碘(毫克/千克)	0.30	0.30
锰(毫克/千克)	90.0	70.0
硒(毫克/千克)	0.2	0.2
锌(毫克/千克)	25.0	50.0
维生素 A(单位/千克)	5000	5000
维生素 D_3(单位/千克)	1200	1200
维生素 E(毫克/千克)	12.0	25.0
维生素 K(毫克/千克)	1.0	1.0
维生素 B_1(毫克/千克)	2.0	2.0
维生素 B_2(毫克/千克)	4.0	4.0
泛酸(毫克/千克)	10.0	15.0
尼克酸(毫克/千克)	40.0	20.0
维生素 B_6(毫克/千克)	3.0	3.0
生物素(毫克/千克)	0.3	0.15
胆碱(毫克/千克)	2000	1500
叶酸(毫克/千克)	1.0	1.0
维生素 B_{12}(毫克/千克)	0.003	0.003
亚油酸(%)	1.0	1.0

表 2-17 鹌鹑不同饲养期的饲养标准

营养需要	育雏期 0～20 日龄	育成期 21～40 日龄	产蛋期（41～400 日龄）		
			产蛋率 80％以上	产蛋率 70％～80％	产蛋率 70％以下
代谢能（兆焦/千克）	12.55	11.72	12.34	11.97	11.72
粗蛋白质（％）	24	22	24	23	22
钙（％）	1.0	1.3	3.0	3.0	2.5
磷（％）	0.8	0.8	1.0	1.0	0.9
食盐（％）	0.3	0.3	0.3	0.3	0.3
碘（毫克/千克）	0.3	0.3	0.3	0.3	0.3
锰（毫克/千克）	90	90	80	80	70
锌（毫克/千克）	25	25	60	60	50
维生素 A（单位/千克）	5000	5000	5000	5000	5000
维生素 D（单位/千克）	480	480	1200	1200	1200
核黄素（毫克/千克）	4	4	2	2	2
泛酸（毫克/千克）	10	10	20	20	20
尼克酸（毫克/千克）	40	40	20	20	20
胆碱（毫克/千克）	2000	2000	1500	1500	1500
蛋氨酸＋胱氨酸（％）	0.75	0.70	0.75	0.75	0.65
赖氨酸（％）	1.4	0.9	1.4	1.4	1.0
色氨酸（％）	0.33	0.28	0.30	0.30	0.25
精氨酸（％）	0.93	0.82	0.85	0.85	0.80
亮氨酸（％）	1.0	0.80	0.90	0.9	0.78
异亮氨酸（％）	0.6	0.6	0.55	0.55	0.50
苯丙氨酸（％）	0.93	0.85	0.87	0.87	0.83
苏氨酸（％）	0.70	0.60	0.63	0.63	0.53

续表 2-17

营养需要	育雏期	育成期	产蛋期（41～400 日龄）		
	0～20 日龄	21～40 日龄	产蛋率 80%以上	产蛋率 70%～80%	产蛋率 70%以下
缬氨酸（%）	0.30	0.25	0.28	0.28	0.25
甘氨酸＋丝氨酸（%）	1.7	1.4	1.4	1.4	0.9
蛋氨酸（%）	0.5	0.4	0.5	0.5	0.4

（杨永正等提出）

表 2-18　法国 AEC(1993)建议的鹌鹑营养需要量

营养需要	生长鹌鹑		种鹌鹑
	0～3 周龄	4～7 周龄	
代谢能（兆焦/千克）	12.13	12.97	11.72
粗蛋白质（克/日）	24.5	19.5	20
赖氨酸（毫克/日）	1.41	1.15	1.10
蛋氨酸（毫克/日）	0.44	0.38	0.44
蛋氨酸＋胱氨酸（毫克/日）	0.95	0.84	0.79
苏氨酸（毫克/日）	0.78	0.74	0.64
色氨酸（毫克/日）	0.20	0.19	0.21
钙（克/日）	1.00	0.90	3.50
总磷（克/日）	0.70	0.65	0.68

表 2-19　法迪克肉用型种鹑营养需要量

阶　段	粗蛋白质（%）	代谢能（兆焦/千克）	钙（%）	磷（%）
生长期（1～42 日龄）	21.89	12.23	1.05	0.78
产蛋期（43 日龄后）	18.22	11.42	2.33	0.85

引自《法国肉鹌鹑的驯养》，1986

表 2-20　法国鹌鹑肥育期营养标准

营养需要	数　量	营养成分	数　量
代谢能(兆焦/千克)	11.84	纤维素(%)	4.10
粗蛋白质(%)	24	可利用磷(%)	0.50
脂肪(%)	3.20	钙(%)	1.03

三、使用饲养标准时应注意的问题

　　饲养标准具有通用性,但各个品种对营养的需要又有其特殊性,欲最大限度地发挥生产潜力,应根据实际饲养的品种及类型,参考统一的饲养标准,制定适合该品种的参考标准(营养推荐量)。一般大型肉鸽品种对能量、蛋白质的需求量较高,如美国王鸽,而地方品种需求量较低;培育品种易受外界条件的影响,产生应激,需供给较多的维生素,而地方品种抗应激能力较强,维生素供应低时,对其影响不大。

第三章 肉鸽与鹌鹑常用饲料营养特点和营养价值

第一节 饲料分类及各类饲料的营养特点

可被肉鸽与鹌鹑采食的饲料种类很多,且其特性差异较大,若能对饲料进行适当的科学分类,则有助于掌握各种饲料的特点,科学合理地利用饲料。当前饲料分类方法很多,现选择常用的方法介绍如下。

一、按物质类别分类

植物性饲料,如玉米、豌豆、小麦麸、豆粕、松针粉等。

动物性饲料,如鱼粉、蚕蛹、肉骨粉、血粉等。

矿物性饲料,如石粉、磷酸氢钙、红土、食盐、氧化铁、蚝壳片、硫酸亚铁等。

人工合成饲料,如维生素、氨基酸、酶制剂、酸化剂、饲料酵母等。

二、国际分类法

以饲料干物质中的化学成分和营养特性为基础,将饲料分为8大类,分别是:粗饲料,青饲料,青贮饲料,能量饲料,蛋白质饲料,矿物质饲料,维生素饲料,添加剂饲料。每一类饲料的特性、营养成分、营养价值都很相同或相似。

表 3-1　我国和国际饲料分类依据

饲料类别	饲料名称	划分饲料类别的依据		
		自然含水量（%）	干物质中粗纤维含量（%）	干物质中粗蛋白质含量（%）
1	粗饲料	<45.0	≥18.0	
2	青绿饲料	≥45.0		
3	青贮饲料	≥45.0		
4	能量饲料	<45.0	<18.0	<20.0
5	蛋白质饲料	<45.0	<18.0	≥20.0
6	矿物质饲料			
7	维生素饲料			
8	饲料添加剂			

三、中国现行饲料分类法

以国际饲料分类为基础,结合我国饲料习惯分类法,根据饲料的来源、形态、生产加工方法等属性,按照国际分类法的原则将其分为 8 大类,再根据我国传统的饲料分类方法分为 16 亚类。分别是:01 青绿植物类,02 树叶类,03 青贮饲料类,04 根、茎、瓜、果类,05 干草类,06 稿秕农副产品类,07 谷实类,08 糠麸类,09 豆类,10 饼粕类,11 糟渣类,12 草籽树实类,13 动物性饲料类,14 矿物质饲料类,15 维生素饲料类,16 添加剂及其他饲料类(表 3-2)。对每类饲料冠以中国饲料编码,共 7 位数,首位数为分类号,第二、三位数为亚类号,后四位数为饲料编号。饲料编码的排列顺序,依次为分类号、亚类号和饲料编号。例如,大豆粕属蛋白质饲料,首位数应为 5,亚类属饼粕类,亚类号应为 10,然后是饲料编号,即 5-10-0102。

表 3-2　中国现行饲料分类及第二、三位编码

第二、三位编码	饲料分类	第三位分类码的可能性	分类依据条件
01	青绿植物类	2-01	自然含水
02	树叶类	1-02 2-02(5-02 4-02)	水、粗纤维、粗蛋白质
03	青贮饲料类	3-03	水、加工方法
04	根茎瓜果类	2-04 4-04	水、粗纤维、粗蛋白质
05	干草类	1-05(5-05 4-05)	水、粗纤维、粗蛋白质
06	稿秕农副产品类	1-06(4-06 5-06)	水、粗纤维
07	谷实类	4-07	水、粗纤维、粗蛋白质
08	糠麸类	4-08 1-08	水、粗纤维、粗蛋白质
09	豆类	5-09 4-09	水、粗纤维、粗蛋白质
10	饼粕类	5-10 4-10(1-10)	水、粗纤维、粗蛋白质
11	糟渣类	1-11 4-11 5-11	粗纤维、粗蛋白质
12	草籽树实类	1-12 4-12 5-12	水、粗纤维、粗蛋白质
13	动物性饲料类	4-13 5-13 6-13	来源
14	矿物质饲料类	6-14	来源、性质
15	维生素饲料类	7-15	来源、性质
16	添加剂及其他	8-16	性质

注:(　)内编码者少见,引自韩友文主编.《饲料与营养学》,1997

第二节 鸽、鹌常用饲料营养特性、饲用 价值及质量标准

一、常用能量饲料的营养特性、饲用 价值及质量标准

能量饲料是鸽、鹌日粮中用量最多的一类,包括谷物籽实类及其加工副产品、块根块茎及其加工副产品两类。

饲料原料的质量优劣,是配合饲料好坏的关键因素之一,我国已先后对主要饲料原料的一些主要营养指标,制定了国家或行业的质量标准。它对判断饲料原料品质提供了依据,在保证配合饲料的质量中发挥了重要作用,将在下面摘要介绍。

(一)玉 米 玉米是鸽、鹌配合饲料中用量最大的能量饲料,玉米有黄玉米和白玉米两大类。我国玉米主产区分布在黑龙江、吉林、山东、河北、河南、新疆、四川等地。

1. 玉米的营养特性

①有效能和脂肪含量高,其鸡代谢能含量达 13.39~13.57 兆焦/千克,粗脂肪 3%~3.5%。必需脂肪酸含量也较高,以亚油酸等不饱和脂肪酸为主,只要鸽、鹌日粮中玉米的用量超过 50% 时,即可满足鸽、鹌对亚油酸的需要。

②蛋白质含量低,粗蛋白质为 7%~9%,且品质较差,其中赖氨酸、色氨酸等必需氨基酸含量严重偏低,氨基酸比例不符合鸽、鹌的需要。

③无氮浸出物含量高,主要为淀粉,一般可达 70% 以上,其他糖类含量都不高,粗纤维含量较低。

④维生素 E 在玉米中含量高,主要分布在胚芽中。维生素 B_1

也较丰富,几乎不含维生素 D 和维生素 K。维生素 B_2 和烟酸含量也较少。

⑤矿物质含量一般较低,特别是钙的含量。磷在胚芽中的含量虽较高,但以植酸磷形式存在,不能被鸽、鹑利用。

2. 玉米的饲用价值及使用中应注意的事项 玉米的代谢能和脂肪含量高,是当今世界上应用最广泛的能量饲料,但应注意其蛋白质品质较差,特别要注意补充赖氨酸和色氨酸。钙含量也低,磷的生物学利用率低,故使用玉米时还应注意钙、磷的补充。

玉米贮藏时,必须严格控制水分的含量,不能超过 14%,以防霉变。特别是我国东北地区,含水量一般都偏高,应特别注意。

配合饲料以玉米为大宗原料时,应与优质蛋白质饲料搭配,并添加烟酸和维生素 B_{12}。

霉变玉米绝不可饲喂鸽、鹑。霉变的玉米含有黄曲霉素,不仅严重影响鸽、鹑的健康,还会残留在产品中,危害人的健康。

玉米中不饱和脂肪酸含量高,过量饲喂玉米可降低肉鹑和肉鸽的胴体品质。玉米粉碎后易被氧化而酸败,不宜久贮,粉碎后应尽快用完。

3. 饲料用玉米的质量标准 GB/T 17890—1999

(1)范围 本标准规定了饲料用玉米的定义、要求、抽样、检验方法、检验规则、包装、运输和贮存。本标准适用于收购、贮存、运输、加工、销售的商品饲料用玉米。

(2)定义 本标准采用下列定义。

容重:玉米籽粒在单位容积内的质量,以克/升表示。

不完善粒:不完善粒包括下列受到损伤但尚有饲用价值的玉米粒。

虫蚀粒:被虫蛀蚀,伤及胚或胚乳的颗粒。

病斑粒:粒面带有病斑,伤及胚或胚乳的颗粒。

破损粒:籽粒破损达到该籽粒体积 1/5(含)以上的籽粒。

生芽粒:芽或幼根突破表皮的颗粒。

生霉粒:粒面生霉的颗粒。

热损伤粒:受热后胚或胚乳已经显著变色和损伤的颗粒。

杂质:能通过直径 3.3 毫米圆孔筛的物质;无饲用价值的玉米;玉米以外的其他物质。

粗蛋白质:饲料中含氮量乘以 6.25。

（3）要 求

质量指标:饲料用玉米按容重、粗蛋白质、不完善粒分等级,其质量指标见表 3-3。

表 3-3 饲用玉米质量等级指标

等 级	容重（克/升）	粗蛋白质（干基）(%)	不完善粒(%)		水分(%)	杂质(%)	色泽气味
			总量	其中生霉粒			
1	≥710	≥10.0	≤5.0				
2	≥685	≥9.0	≤6.5	≤2.0	≤14.0	≤1.0	正常
3	≥660	≥8.0	≤8.0				

（二）稻谷与碎米 稻谷系加工大米的原料,作为饲料时可整粒饲喂鸽、鹑,也可粉碎后作为鸽、鹑配合饲料的原料。碎米指稻谷加工成大米过程中产生的碎米粒,可作为饲料原料。

1. 稻谷、碎米的营养特性

①碎米的代谢能和粗蛋白质均略高于玉米,但粗蛋白质的品质仍较差,赖氨酸、蛋氨酸、色氨酸等必需氨基酸含量低,比例不符合鸽、鹑的需要。

②稻谷粗纤维含量较高,其中木质素和硅酸盐较多,代谢能和粗蛋白质均低于玉米,其营养价值相当于玉米或碎米的 80%。

③碎米中矿物质含量较少,且磷以植酸磷的形式存在,应注意

有效磷的补充。

2. 稻谷、碎米的饲用价值及使用中应注意的事项

①稻谷由于含粗纤维较高,配合鸽、鹑饲料时尽量少用,以免影响配合饲料的消化率和生产效果。

②用碎米喂鸽、鹑,增重和产蛋效果均与玉米接近。

3. 饲料用稻谷的质量标准 NY/T 116—1989

(1)主题内容与适用范围 本标准规定了饲料用稻谷的质量指标及分级标准。

本标准适用于饲料用带壳的水稻子实。

(2)感官性状 籽粒整齐,色泽新鲜一致,无发酵、霉变、结块及异味异臭。

(3)水分 水分含量不得超过14.0%。

(4)夹杂物 不得掺入饲料用稻谷以外的物质,若加入抗氧化剂、防霉剂等添加剂时,应做相应的说明。

(5)质量指标及分级标准 以粗蛋白质、粗纤维、粗灰分为质量控制指标,按含量分为三级,见表3-4。

表3-4 饲料用稻谷的质量指标 (%)

项 目	一 级	二 级	三 级
粗蛋白质	≥8.0	≥6.0	≥5.0
粗纤维	≤9.0	≤10.0	≤12.0
粗灰分	≤5.0	≤6.0	≤8.0

注:各项质量指标含量均以86%干物质为基础计算;3项质量指标必须全部符合相应等级的规定;二级饲料用稻谷为中等质量标准,低于三级者为等外品

4. 饲料用碎米的质量标准 NY/T 212—1992

(1)主题内容与适用范围 本标准规定了饲料用碎米的质量指标及分级标准。本标准适用于饲料用碎米。

(2)感官性状 呈碎籽粒状,白色,无发酵、霉变、结块及异味异臭。

(3)水分 水分含量不得超过14.0%。

（4）夹杂物　不得掺入饲料用碎米以外的物质。若加入抗氧化剂、防霉剂等添加剂时,应做相应的说明。

（5）质量指标及分级标准　以粗蛋白质、粗纤维、粗灰分为质量控制指标,按含量分为三级,见表3-5。

表 3-5　饲料用碎米的质量指标　（％）

项　目	一　级	二　级	三　级
粗蛋白质	≥7.0	≥6.0	≥5.0
粗纤维	≤1.0	≤2.0	≤3.0
粗灰分	≤1.5	≤2.5	≤3.5

注:各项质量指标含量均以86％干物质为基础计算;3项质量指标必须全部符合相应等级的规定;二级饲料用碎米为中等质量标准,低于三级者为等外品。

（三）小　麦　小麦是加工面粉的原料,一般不作为鸽、鹑的饲料,只有在缺乏玉米或当地小麦价格明显低于玉米时,才用小麦代替部分玉米。

1. 小麦的营养特性

①小麦的粗蛋白质含量较玉米高,一般为13％～14％,赖氨酸、蛋氨酸、胱氨酸均略高于玉米。

②小麦的粗脂肪含量只有1.7％左右,其中亚油酸仅为0.8％。小麦的有效能也略低于玉米,鸡代谢能约12.7兆焦/千克。

③矿物质中,钙少磷多,且磷多以植酸磷形式存在,利用率低。

2. 小麦的饲用价值及使用中应注意的事项　小麦的适口性好,易消化,用于饲喂鸽、鹑,可获得较好的饲喂效果。由于小麦中含有阿拉伯木聚糖、β-葡聚糖和磷酸盐等抗营养因子,饲喂时若能添加木聚糖酶、β-葡聚糖酶、磷酸酶等相应的酶制剂,则可提高利用率。小麦具有黏糊性,当粉碎过细时会引起糊喙,降低适口性,但制粒后无影响。配合饲料中可用小麦替代30％～50％的玉米。

不同品种的小麦粗蛋白质含量差别较大,使用时应注意。

3. 饲料用小麦的质量标准 NY/T 117—1989

(1)主题内容与适用范围 本标准规定了饲料用小麦的质量指标及分级标准。

本标准适用于饲料用冬小麦和春小麦。

(2)感官性状 籽粒整齐,色泽新鲜一致,无发酵、霉变、结块及异味异臭。

(3)水分 冬小麦水分不得超过 12.5%,春小麦水分不得超过 13.5%。

(4)夹杂物 不得掺入饲料用小麦以外的物质,若加入抗氧化剂、防霉剂等添加剂时,应做相应的说明。

(5)质量指标及分级标准 以粗蛋白质、粗纤维、粗灰分为质量控制指标,按含量分为三级,见表3-6。

表 3-6 饲料用小麦的质量指标 (%)

项　目	一　级	二　级	三　级
粗蛋白质	≥14.0	≥12.0	≥10.0
粗纤维	≤2.0	≤3.0	≤3.5
粗灰分	≤2.0	≤2.0	≤3.0

各项质量指标含量均以 87% 干物质为基础计算;3 项质量指标必须全部符合相应等级的规定;二级饲料用小麦为中等质量标准,低于三级者为等外品

(四)大　麦 作为鸽、鹑饲料的主要是皮大麦。

1. 皮大麦的营养特性

①皮大麦粗蛋白质的含量高于玉米,氨基酸中赖氨酸的含量也明显高于玉米,钙、磷含量也比玉米多。

②皮大麦有一层坚硬的外壳,所以粗纤维含量相对较高,约为玉米和小麦的 2 倍。淀粉及糖类比玉米少,故能量含量低。代谢能约为 11.3 兆焦/千克。

③B族维生素含量丰富,但缺少脂溶性维生素 A,维生素 D,维生素 K,大麦胚芽中含有少量维生素 E。

④含磷量比玉米高,仍然是以植酸磷为主,约占总磷的 63%,磷的利用率优于玉米。

2. 皮大麦的饲用价值及使用中应注意的事项　大麦的饲养效果明显低于玉米,且含有较多的单宁类物质,带涩味,适口性差,且可降低鸽、鹑对蛋白质的消化率。

皮大麦不宜直接饲喂鸽、鹑,最好粉碎后少量加入配合饲料中制成颗粒饲料使用,因其适口性远不如玉米,特别是粉碎太细的大麦制成粉状配合饲料,鸽、鹑往往拒食。

3. 饲料用皮大麦的质量标准 NY/T 118—1989

(1)主题内容与适用范围　本标准规定了饲料用皮大麦的质量指标及分级标准。本标准适用于饲料用皮大麦,即有稃大麦。

(2)感官性状　籽粒整齐,色泽新鲜一致,无发酵、霉变、结块及异味异臭。

(3)水分　水分含量不得超过 13.0%。征购饲料用皮大麦的水分含量最大限度和安全贮存水分标准,可由各省、自治区、直辖市自行规定。

(4)夹杂物　不得掺入饲料用皮大麦以外的物质,若加入抗氧化剂、防霉剂等添加剂时,应做相应的说明。

(5)质量指标及分级标准　以粗蛋白质、粗纤维、粗灰分为质量控制指标,按含量分为三级,见表3-7。

表3-7　饲料用皮大麦的质量指标　(%)

项　目	一　级	二　级	三　级
粗蛋白质	≥11.0	≥10.0	≥9.0
粗纤维	≤5.0	≤5.5	≤6.0
粗灰分	≤3.0	≤3.0	≤3.0

注:各项质量指标含量均以 87%干物质为基础计算;3 项质量指标必须全部符合相应等级的规定;二级饲料用皮大麦为中等质量标准,低于三级者为等外品

(五)高　粱　高粱的营养成分与玉米近似,但适口性差。高粱主产区可用其替代部分玉米。

1. 高粱的营养特性

①粗蛋白质含量比玉米稍高,但消化率低,赖氨酸、蛋氨酸和组氨酸等必需氨基酸含量低于玉米;矿物质中钙、总磷和非植酸磷均高于玉米。

②淀粉含量与玉米相近,脂肪含量低于玉米,其中饱和脂肪酸较多,有效能和消化率都较低。

③高粱籽实中含有单宁,具涩味,影响适口性和日粮的消化率。

2. 高粱的饲用价值及使用中应注意的事项　高粱的饲用价值相当于玉米的 90%左右,在鸽、鹌配合饲料中的用量应控制在10%～20%为宜。黄色高粱用量可增加到 40%。

若种用鸽、鹌日粮中的单宁含量过多,可能降低产蛋率及受精率。

3. 饲料用高粱的质量标准 NY/T 115—1989

(1)主题内容与适用范围　本标准规定了饲料用高粱的质量指标及分级标准。

本标准适用于饲料用高粱籽实。

(2)感官性状　籽粒整齐,色泽新鲜一致,无发酵、霉变、结块及异味异臭。

(3)水分　水分含量不得超过 14.0%。

(4)夹杂物　不得掺入饲料用高粱以外的物质,若加入抗氧化剂、防霉剂等添加剂时,应做相应的说明。

(5)质量指标及分级标准　以粗蛋白质、粗纤维、粗灰分为质量控制指标,按含量分为三级,见表3-8。

表 3-8　饲料用高粱的质量指标　（%）

项　目	一　级	二　级	三　级
粗蛋白质	≥9.0	≥7.0	≥6.0
粗纤维	≤2.0	≤2.0	≤3.0
粗灰分	≤2.0	≤2.0	≤3.0

注：各项质量指标含量均以 86% 干物质为基础计算；3 项质量指标必须全部符合相应等级的规定；二级饲料用高粱为中等质量标准，低于三级者为等外品

（六）小麦麸　又叫麸皮。是小麦加工的副产品，由小麦种皮、糊粉层、少量胚芽和胚乳组成。小麦麸的品质受小麦品种、加工工艺和出粉率的影响较大。

1. 小麦麸的营养特性

①硬质冬小麦较软质春小麦所产麦麸的粗蛋白质含量高；红皮小麦较白皮小麦所产麦麸的粗蛋白质含量高。粗蛋白质含量变动为 12%～18%，比小麦籽实高，赖氨酸及其他氨基酸含量比小麦籽实高，蛋氨酸含量却低于小麦籽实。

②小麦麸的无氮浸出物较小麦籽实低，粗纤维含量却较高，故其有效能值较低。

③小麦麸富含维生素 E、维生素 B_1、烟酸和胆碱，缺乏维生素 A 和维生素 D。

④矿物质中，磷多钙少，非植酸磷占总磷的 26% 左右，磷的利用率低，铁、锌、锰等微量元素含量较高。

2. 小麦麸的饲用价值及使用中应注意的事项　麸皮具有轻泻作用，可促进鸽、鹑胃肠蠕动，保持消化道通畅，但饲喂过多可引起腹泻。小麦麸质地蓬松，容积大，适口性好、吸水性强。在饲粮配合中，可用来调节日粮营养浓度与体积之间的比例。

3. 饲料用小麦麸的质量标准 NY/T 119—1989

（1）主题内容与适用范围　本标准规定了饲料用小麦麸的质量指标及分级标准。

本标准适用于以白色硬质、白色软质、红色硬质、红色软质、混合硬质、混合软质等各种小麦为原料，以常规制粉工艺所得副产物中的饲料用小麦麸。

（2）感官性状　细碎屑状，色泽新鲜一致，无发酵、霉变、结块及异味异臭。

（3）水分　水分含量不得超过 13.0%。

调拨运输的小麦麸的水分含量最大限度和安全贮存水分标准，可由各省、自治区、直辖市自行规定。

（4）夹杂物　不得掺入饲料用小麦麸以外的物质，若加入抗氧化剂、防霉剂等添加剂时，应做相应的说明。

（5）质量指标及分级标准　以粗蛋白质、粗纤维、粗灰分为质量控制指标，按含量分为三级，见表 3-9。

表 3-9　饲料用小麦麸的质量指标　（%）

项　目	一　级	二　级	三　级
粗蛋白质	≥15.0	≥13.0	≥11.0
粗纤维	≤9.0	≤10.0	≤11.0
粗灰分	≤6.0	≤6.0	≤6.0

注：各项质量指标含量均以 87% 干物质为基础计算；二级饲料用小麦麸为中等质量标准，低于三级者为等外品；3 项质量指标必须全部符合相应等级的规定

（七）次　粉　次粉是小麦细磨阶段的副产品，其特性介于小麦和小麦麸之间，其组成包括糊粉层、胚乳及少量细麸。

1. 次粉的营养特性　次粉的营养价值差别较大，质量不稳定，其品质受麸皮所占比例的影响较大，其颜色也由灰白色到浅褐色不等。次粉中粗蛋白质含量 13.6%～15.4%，粗纤维含量 1.4%～2.8%，有效能值与粗纤维含量有关，其代谢能为 12.7 兆焦/千克左右。

2. 次粉的饲用价值及使用中应注意的事项　次粉作为能量饲料使用时，用量不宜过多，且应选择粗纤维低、品质好的，一般占

配合饲料的 10%～15%,用量太多会引起糊喙。生产颗粒配合饲料时添加 5%～10% 的次粉,可增强颗粒的牢固度。

3. **饲料用次粉的质量标准 NY/T　120—1989**

(1)主题内容与适用范围　本标准规定了饲料用小麦次粉的质量指标及分级标准。

本标准适用于饲料用带壳的水稻籽实。

(2)感官性状　籽粒整齐,色泽新鲜一致,无发酵、霉变、结块及异味异臭。

(3)水分　水分含量不得超过 14.0%。

(4)夹杂物　不得掺入饲料用次粉以外的物质,若加入抗氧化剂、防霉剂等添加剂时,应做相应的说明。

(5)质量指标及分级标准　以粗蛋白质、粗纤维、粗灰分为质量控制指标,按含量分为三级,见表 3-10。

表 3-10　饲料用次粉的质量指标　(%)

项　目	一　级	二　级	三　级
粗蛋白质	≥14.0	≥12.0	≥10.0
粗纤维	≤3.5	≤5.5	≤7.5
粗灰分	≤2.0	≤3.0	≤4.0

注:各项质量指标含量均以 87% 干物质为基础计算;二级饲料用次粉为中等质量标准,低于三级者为等外品;3 项质量指标必须全部符合相应等级的规定

(八)米糠和米糠饼粕　米糠为糙米精加工成精米的副产品,米糠饼粕系米糠经提取脂肪后的副产品。

1. 米糠和米糠饼粕的营养特性

①米糠中的粗蛋白质高于碎米和玉米,米糠饼粕的粗蛋白质高于米糠。米糠必需氨基酸含量普遍高于碎米和玉米,米糠饼粕必需氨基酸含量高于米糠。

②米糠和米糠饼粕的有效能值都低于碎米和玉米,米糠的有效能值高于米糠饼粕。

③米糠和米糠饼粕的粗纤维含量均比碎米和玉米高,约为5.7%。

④富含 B 族维生素和维生素 E。

⑤矿物质的含量与其他禾本科籽实饲料相似,钙少磷多,非植酸磷含量的比例高于小麦麸,微量元素铁、锌、锰含量丰富。

2. **米糠的饲用价值及使用中应注意的事项**　新鲜的米糠适口性好,但因其粗脂肪含量高,极易氧化、酸败,不耐贮存,鸽、鹑饲粮中宜添加新鲜的米糠。米糠饼粕因已脱脂,出现氧化、酸败的机会较少。米糠和米糠饼粕的添加量一般不宜过大,以不高于 10% 为宜。

3. **饲料用米糠的质量标准 NY/T 122—1989**

(1)**主题内容与适用范围**　本标准规定了饲料用米糠的质量指标及分级标准。

本标准适用于以糙米为原料,精制大米后的副产品——饲料用米糠。

(2)**感官性状**　本品呈淡黄灰色的粉状,色泽新鲜一致,无酸败、霉变、结块、虫蛀及异味异臭。

(3)**水分**　水分含量不得超过 13.0%。

调拨运输的饲料用米糠的水分含量最大限度和安全贮存水分标准,可由各省、自治区、直辖市自行规定。

(4)**夹杂物**　不得掺入饲料用米糠以外的物质,若加入抗氧化剂、防霉剂等添加剂时,应做相应的说明。

(5)**质量指标及分级标准**　以粗蛋白质、粗纤维、粗灰分为质量控制指标,按含量分为三级,见表3-11。

表 3-11　饲料用米糠的质量指标　（％）

项　目	一　级	二　级	三　级
粗蛋白质	≥13.0	≥12.0	≥11.0
粗纤维	≤6.0	≤7.0	≤8.0
粗灰分	≤8.0	≤9.0	≤10.0

注：各项质量指标含量均以 87％干物质为基础计算；3 项质量指标必须全部符合相应等级的规定；二级饲料用米糠为中等质量标准，低于三级者为等外品

4. 饲料用米糠饼的质量标准 NY/T 123—1989

（1）主题内容与适用范围　本标准规定了饲料用米糠饼的质量指标及分级标准。

本标准适用于以米糠为原料，以压榨法取油后的饲料用米糠饼。

（2）感官性状　本品呈淡黄灰色的饼状，色泽新鲜一致，无酸败、霉变、结块、虫蛀及异味异臭。

（3）水分　水分含量不得超过 12.0％。

调拨运输的饲料用米糠饼的水分含量最大限度和安全贮存水分标准，可由各省、自治区、直辖市自行规定。

（4）夹杂物　不得掺入饲料用米糠饼以外的物质，若加入抗氧化剂、防霉剂等添加剂时，应做相应的说明。

（5）质量指标及分级标准　以粗蛋白质、粗纤维、粗灰分为质量控制指标，按含量分为三级，见表 3-12。

表 3-12　饲料用米糠饼的质量指标　（％）

项　目	一　级	二　级	三　级
粗蛋白质	≥14.0	≥13.0	≥12.0
粗纤维	≤8.0	≤10.0	≤12.0
粗灰分	≤9.0	≤10.0	≤12.0

注：各项质量指标含量均以 88％干物质为基础计算；3 项质量指标必须全部符合

相应等级的规定；二级饲料用米糠饼为中等质量标准，低于三级者为等外品

5. 饲料用米糠粕的质量标准 NY/T 124—1989

（1）主题内容与适用范围　本标准规定了饲料用米糠粕的质量指标及分级标准。

本标准适用于以米糠为原料以浸提法或预压-浸提法取油后的饲料用米糠粕。

（2）感官性状　本品呈淡灰黄色粉状，色泽新鲜一致，无发酵、霉变、虫蛀、结块及异味异臭。

（3）水分　水分含量不得超过 13.0%。

调拨运输的饲料用米糠粕的水分含量最大限度和安全贮存水分标准，可由各省、自治区、直辖市自行规定。

（4）夹杂物　不得掺入饲料用米糠粕以外的物质，若加入抗氧化剂、防霉剂等添加剂时，应做相应的说明。

（5）质量指标及分级标准　以粗蛋白质、粗纤维、粗灰分为质量控制指标，按含量分为三级，见表 3-13。

表 3-13　饲料用米糠粕的质量指标　（%）

项　目	一　级	二　级	三　级
粗蛋白质	≥15.0	≥14.0	≥13.0
粗纤维	≤8.0	≤10.0	≤12.0
粗灰分	≤9.0	≤10.0	≤12.0

注：各项质量指标含量均以 87% 干物质为基础计算；3 项质量指标必须全部符合相应等级的规定；二级饲料用米糠粕为中等质量标准，低于三级者为等外品

二、常用蛋白质饲料的营养特性、饲用价值及质量标准

蛋白质饲料包括植物性来源的豆类籽实、油料籽实、榨油和酿造工业的副产品，动物性来源的蛋白质饲料、微生物来源的单细胞蛋白质饲料等。其粗蛋白质含量在 20% 及以上，粗纤维的含量小

于 18%。蛋白质的品质好,在日粮中所占比例居第二位。蛋白质饲料的价格较高。

(一)大 豆 主要供人类食用或榨油,一般不直接用作鸽、鹑的饲料,为了提高日粮的能量浓度,可适当添加少量熟化的大豆。

1. **大豆的营养特性**

①生大豆含有多种抗营养因子。例如,胰蛋白酶抑制因子、脲酶、皂角苷、胀气因子、白细胞凝集素等,除皂角苷和胀气因子外,其他抗营养因子都可采取加热的方法予以破坏。但若加热不充分,胰蛋白酶抑制因子未遭破坏,则蛋白质的消化率将降低。

大豆中粗蛋白质含量较高,品质也好,必需氨基酸中除蛋氨酸较低外,其余氨基酸的含量均较高,特别是赖氨酸。

②大豆富含油脂,含有大量的必需脂肪酸,尤其是亚油酸的含量更高。因此,大豆的有效能值较高。

③含有较多的维生素 E 和 B 族维生素,叶酸、胆碱和生物素尤为丰富。

④常量元素中,钾、磷、钠较多,钙较少。微量元素中铁的含量较高。

2. **大豆的饲用价值及使用中应注意的事项** 经加热熟化的大豆,特别是膨化大豆,有效能和蛋白质含量高,适口性好,消化率高,属优质的高能高蛋白饲料。

用于饲喂鸽、鹑可收到良好的饲喂效果,能改善产品品质,但价格较高。

3. **饲料用大豆的质量标准 NY/T 135—1989**

(1)**主题内容与适用范围** 本标准规定了饲料用大豆的质量指标及分级标准。本标准适用于饲料用黄色大豆籽实。

(2)**感官性状** 大豆的种皮呈黄色,粒为圆形、椭圆形,表面光滑有光泽,脐为黄色、深褐色或黑色。不包括青大豆、黑色大豆、褐色大豆等。无发酵、霉变、结块及异味异臭。

（3）异色粒及饲料豆（秣食豆）的互混程度　异色粒限度为5.0％,饲料豆（秣食豆）限度为1.0％。

（4）水分　水分含量不得超过13.0％。征购饲料用大豆的水分含量最大限度和安全贮存水分标准,可由各省、自治区、直辖市自行规定。

（5）夹杂物　不得掺入饲料用大豆以外的物质,若加入抗氧化剂、防霉剂等添加剂时,应做相应的说明。

（6）质量指标及分级标准　以粗蛋白质、粗纤维及粗灰分为质量控制指标,按含量分为三级,见表3-14。

表 3-14　饲料用大豆的质量指标　（％）

项　目	一　级	二　级	三　级
粗蛋白质	≥37.0	≥35.0	≥33.0
粗纤维	≤6.0	≤7.0	≤8.0
粗灰分	≤5.0	≤5.0	≤5.0

注：各项质量指标含量均以88％干物质为基础计算;3项质量指标必须全部符合相应等级的规定;二级饲料用大豆为中等质量标准,低于三级者为等外品

（7）脲酶活性允许指标　脲酶活性定义:在30℃±0.5℃和pH等于7的条件下,每分钟每克大豆分解尿素所释放的氨态氮的毫克数。

饲料用大豆须加热后使用,脲酶活性不得超过0.4。

4. 饲料用黑大豆的质量标准 NY/T 134—1989

（1）主题内容与适用范围　本标准规定了饲料用黑大豆的质量指标及分级标准。本标准适用于饲料用黑大豆籽实。

（2）感官性状　呈新鲜一致的黑色,无发酵、霉变、结块及异味异臭。

（3）水分　水分含量不得超过13.0％。

（4）异色粒及饲料豆（秣食豆）的互混程度　异色粒限度为5.0％,饲料豆（秣食豆）限度为1.0％。

(5)夹杂物　不得掺入饲料用黑大豆以外的物质,若加入抗氧化剂、防霉剂等添加剂时,应做相应的说明。

(6)质量指标及分级标准　以粗蛋白质、粗纤维及粗灰分为质量控制指标,按含量分为三级,见表3-15。

表 3-15　饲料用黑大豆的质量指标　(%)

项　目	一　级	二　级	三　级
粗蛋白质	≥37.0	≥35.0	≥33.0
粗纤维	≤6.0	≤7.0	≤8.0
粗灰分	≤5.0	≤5.0	≤5.0

注:各项质量指标含量均以88%干物质为基础计算;3项质量指标必须全部符合相应等级的规定;二级饲料用黑大豆为中等质量标准,低于三级者为等外品

(7)脲酶活性允许指标　脲酶活性定义:在 30℃±0.5℃ 和 pH 等于 7 的条件下,每分钟每克黑大豆分解尿素所释放的氨态氮的毫克数。

饲料用黑大豆,须加热后使用,脲酶活性不得超过 0.4。

(二)豌　豆　豌豆是肉鸽的常用饲料之一,呈圆形,其体积大小很适合鸽的消化系统,故适口性较好,价格也比较低。豌豆的营养价值较高,含代谢能 11.4 兆焦/千克、粗蛋白质 22.6%、粗脂肪 1.5%、粗纤维 5.9%。必需氨酸含量多数都比大豆低,故蛋白质的品质不如大豆,在日粮中的添加比例可为 20%～40%。

(三)蚕　豆　蚕豆有效能比豌豆低,代谢能仅 10.79 兆焦/千克,蚕豆的蛋白质和多种必需氨基酸的含量较豌豆高,粗蛋白质为 24.9%,粗脂肪 1.4%,粗纤维 7.5%,无氮浸出物 50.9%,矿物质 3.8%。蚕豆颗粒较大,且吸水性强,易吸水膨胀。饲喂时应粉碎成小颗粒,便于鸽、鹑采食,并控制用量,一般占日粮的 10%～25%为宜。

(四)绿　豆　绿豆也是肉鸽的常用蛋白质饲料,其颗粒大小

适中,鸽吞食较容易,适口性也好,且有清热解毒的作用。夏季使用较多,用量可占到日粮的 5%～8%。绿豆具有较高的营养价值,代谢能高于蚕豆、为 11.13 兆焦/千克,其他主要营养成分为粗蛋白质 23.1%,粗脂肪 1.1%,粗纤维 4.7%,但其产量较低,价格偏贵。

(五)火麻仁 也叫大麻籽。是肉鸽喜食的一种高能高蛋白质饲料。含有大量的脂肪,其主要营养成分为:粗蛋白质 21.51%、粗脂肪 30.41%、粗纤维 18.84%、无氮浸出物 15.89%。火麻仁有提高肉鸽精子活力和促进卵子成熟的作用,且能促进羽毛生长,可于每年种鸽换羽期间,适当增加火麻仁的用量(3%～5%),可加速换羽进程,使羽毛富有光泽和滋润。

(六)红豆 又称赤豆,是肉鸽常用的蛋白质饲料之一。其籽粒大小适中,适口性强,鸽喜食,具有除热毒,散恶血的功效。红豆含水分 12.6%,碳水化合物 63.4%,粗蛋白质 20.7%,粗脂肪 0.6%,粗纤维 4.75%,粗灰分 4.6%。每百克含胡萝卜素 80 微克、硫胺素 0.16 毫克、核黄素 0.11 毫克、尼克酸 2 毫克、维生素 E 14.36 毫克、钙 74 毫克、磷 305 毫克、铁 7.4 毫克、锌 2.2 毫克、硒 3.8 微克、铜 0.64 毫克、锰 1.33 毫克。习惯上均在严冬季节饲喂,对鸽有保健作用。

(七)饼粕类饲料 是油料籽实经加工提取油脂后的副产品。现今提取油脂的常用方法有压榨法、浸提法和预压-浸提法。压榨法获得的产品为饼状称为油饼,又有大饼和瓦块饼之分;浸提法的副产品称为油粕。油粕比油饼的粗蛋白质含量高,油饼的能量含量比油粕高。以下介绍几种常用的油料饼粕。

1. 大豆饼粕 是大豆榨油后的副产品,是当今使用最多的植物性蛋白质饲料。

(1)大豆饼粕的营养特性

①粗蛋白质含量高,达 40%～46%,品质好。其中赖氨酸含

量高,但蛋氨酸相对缺乏。

②无氮浸出物相对较低,淀粉含量较少,粗纤维亦较低。

③矿物质中,钙少磷多,约为1∶2,比例不符合鸽、鹑的需要。

④B族维生素较多,其他较少。

(2)大豆饼粕的饲用价值及使用中应注意的事项 大豆饼粕除蛋氨酸较低外,其他氨基酸含量较多,且配比较好。是非常好的蛋白质来源,适口性好,消化率高,任何家禽、任何阶段均可使用,且无用量限制。但应注意,不可饲喂生的大豆饼粕,应加热后饲喂,以免造成不良后果。

(3)饲料用大豆粕的质量标准 NY/T 131—1989

①主题内容与适用范围 本标准规定了饲料用大豆饼粕的质量指标及分级标准。

本标准适用于以大豆为原料,以预压-浸提法或浸提法取油后的饲料用大豆粕。

②感官性状 本品呈浅黄褐色或浅黄色不规则的碎片状。色泽一致,无发酵、霉变、结块、虫蛀及异味异臭。

③水分 水分含量不得超过13.0%。

④夹杂物 不得掺入饲料用大豆粕以外的物质,若加入抗氧化剂、防霉剂等添加剂时,应做相应的说明。

⑤质量指标及分级标准 以粗蛋白质、粗纤维及粗灰分为质量控制指标,按含量分为三级,见表3-16。

表3-16 饲料用大豆粕的质量指标 (%)

项 目	一 级	二 级	三 级
粗蛋白质	≥44.0	≥42.0	≥40.0
粗纤维	≤5.0	≤6.0	≤7.0
粗灰分	≤6.0	≤7.0	≤8

注:各项质量指标含量均以88%干物质为基础计算;3项质量指标必须全部符合相应等级的规定;二级饲料用大豆粕为中等质量标准,低于三级者为等外品

⑥脲酶活性允许指标　脲酶活性定义：在 30℃±0.5℃和 pH 等于 7 的条件下，每分钟每克大豆粕分解尿素所释放的氨态氮的毫克数。

饲料用大豆粕的脲酶活性不得超过 0.4。

(4)饲料用大豆饼的质量标准 NY/T　130—1989

①主题内容与适用范围　本标准规定了饲料用大豆饼的质量指标及分级标准。

本标准适用于以大豆为原料，以压榨法取油后的饲料用大豆饼。

②感官性状　本品呈黄褐色的饼状或小片状。色泽新鲜一致，无发酵、霉变、虫蛀及异味异臭。

③水分　水分含量不得超过 13.0%。

④夹杂物　不得掺入饲料用大豆饼以外的物质，若加入抗氧化剂、防霉剂等添加剂时，应做相应的说明。

⑤质量指标及分级标准　以粗蛋白质、粗脂肪、粗纤维及粗灰分为质量控制指标，按含量分为三级，见表 3-17。

表 3-17　饲料用大豆饼的质量指标　（%）

项　目	一　级	二　级	三　级
粗蛋白质	≥41.0	≥39.0	≥37.0
粗脂肪	≤8.0	≤8.0	≤8.0
粗纤维	≤5.0	≤6.0	≤7.0
粗灰分	≤6.0	≤7.0	≤8.0

注：各项质量指标含量均以 88%干物质为基础计算；4 项质量指标必须全部符合相应等级的规定；二级饲料用大豆饼为中等质量标准，低于三级者为等外品

⑥脲酶活性允许指标　脲酶活性定义：在 30℃±0.5℃和 pH 等于 7 的条件下，每分钟每克大豆饼分解尿素所释放的氨态氮的毫克数。

饲料用大豆饼的脲酶活性不得超过 0.4。

2. **花生仁饼粕**　花生去外壳后的花生果,经加工榨油后的副产品,其饲用价值仅次于大豆饼粕。

(1)花生仁饼粕的营养特性

①粗蛋白质含量比大豆饼粕高 3～5 个百分点,但其品质较差,赖氨酸和蛋氨酸均低于大豆饼粕,加之赖氨酸与精氨酸的比例不当,使赖氨酸利用率下降。

②花生仁饼粕的代谢能比大豆饼粕高 1 兆焦/千克左右。

③矿物质中,钙少磷多,比例不符合鸽、鹑的需要,非植酸磷占总磷的 60%左右。

(2)花生仁饼粕的饲用价值及使用中应注意的事项　花生仁饼粕含有较高的代谢能和粗蛋白质,可部分代替大豆饼粕。但花生仁饼粕中精氨酸含量很高,利用时应注意搭配,选一些精氨酸含量低的蛋白质饲料与之配合使用,效果更好。

花生仁饼粕贮存不当,高温、高湿季节易发生霉变,与玉米一样可孳生黄曲霉菌,产生黄曲霉毒素,可导致鸽、鹑中毒。不要使用霉变的花生仁饼粕,以免引发不良后果。

(3)饲料用花生仁饼的质量标准 NY/T 132—1989

①主题内容与适用范围　本标准规定了饲料用花生仁饼的质量指标及分级标准。

本标准适用于以脱壳花生果为原料,经压榨法所得饲料用花生仁饼。

②感官性状　小瓦片状或圆扁块状,呈色泽新鲜一致的黄褐色,无发酵、霉变、结块、虫蛀及异味异臭。

③水分　水分含量不得超过 12.0%。

④夹杂物　不得掺入饲料用花生仁饼以外的物质,若加入抗氧化剂、防霉剂等添加剂时,应做相应的说明。

⑤质量指标及分级标准　以粗蛋白质、粗纤维及粗灰分为质量控制指标,按含量分为三级,见表3-18。

表 3-18　饲料用花生仁饼的质量指标　（%）

项　目	一级	二级	三级
粗蛋白质	≥48.0	≥40.0	≥36.0
粗纤维	≤7.0	≤9.0	≤11.0
粗灰分	≤6.0	≤7.0	≤8.0

注:各项质量指标含量均以 88%干物质为基础计算;3 项质量指标必须全部符合相应等级的规定;二级饲料用花生仁饼为中等质量标准,低于三级者为等外品

（4）饲料用花生仁粕的质量标准 NY/T 133—1989

①主题内容与适用范围　本标准规定了饲料用花生仁粕的质量指标及分级标准。本标准适用于以脱壳花生果为原料经有机溶剂浸提取油或预压—浸提取油后的饲料用花生仁粕。

②感官性状　碎屑状,色泽呈新鲜一致的黄褐色或浅褐色,无发酵、霉变、结块、虫蛀及异味异臭。

③水分　水分含量不得超过 12.0%。

④夹杂物　不得掺入饲料用花生仁粕以外的物质,若加入抗氧化剂、防霉剂等添加剂时,应做相应的说明。

⑤质量指标及分级标准　以粗蛋白质、粗纤维及粗灰分为质量控制指标,按含量分为三级,见表 3-19。

表 3-19　饲料用花生仁粕的质量指标　（%）

项　目	一级	二级	三级
粗蛋白质	≥51.0	≥42.0	≥37.0
粗纤维	≤7.0	≤9.0	≤11.0
粗灰分	≤6.0	≤7.0	≤8.0

注:各项质量指标含量均以 88%干物质为基础计算;3 项质量指标必须全部符合相应等级的规定;二级饲料用花生仁粕为中等质量标准,低于三级者为等外品

3. **棉籽饼粕**　棉籽饼粕是棉籽经加工提取棉籽油后的副产品,也是一些地区常用的蛋白质饲料。

(1)棉籽饼粕的营养特性

①粗蛋白质含量较高,为39%～43%,与花生仁饼粕相似,蛋白质品质较差,赖氨酸和蛋氨酸含量都较低,精氨酸含量高。赖氨酸和精氨酸之间的比例,远远超过了它们之间的理想比例100:120,从而使相互间产生拮抗作用,降低了赖氨酸的利用率。

②粗纤维含量较高,10%～12.5%,随饼粕含壳的多少而异。

③棉籽饼粕含有一些抗营养因子,主要是游离棉酚,还有环丙烯脂肪酸、单宁和植酸等,都有降低饲料消化率的作用。游离棉酚还具有毒性,可导致鸽、鹑中毒。

(2)棉籽饼粕的饲用价值及使用中应注意的事项

①游离棉酚可引起鸽、鹑中毒,生长受阻、生产下降、贫血、繁殖能力下降甚至不育,严重时死亡。游离棉酚还可降低赖氨酸的有效性。

②单宁和植酸可降低蛋白质、氨基酸和矿物质的利用率,从而影响鸽、鹑的生产性能。

③环丙烯脂肪酸能使蛋品质量下降,产蛋率和孵化率降低。

棉籽饼粕应限量使用,未脱毒的棉籽饼粕,鸽、鹑日粮中的用量应控制在3%以内。脱毒的棉籽饼粕可适当加大用量,但应注意与其他饼粕饲料搭配使用,最好与精氨酸含量低的饲料搭配,并注意赖氨酸的补充。

(3)饲料用棉籽饼的质量标准 GB 10378—89

①主题内容与适用范围　本标准规定了饲料用棉籽饼的质量指标及分级标准。

本标准适用于以棉籽为原料,经脱壳或部分脱壳后再以压榨法取油后的饲料用棉籽饼。

②感官性状　小瓦片状或饼状,色泽呈新鲜一致的黄褐色,无发酵、霉变、虫蛀及异味异臭。

③水分　水分含量不得超过12.0%。

④夹杂物 不得掺入饲料用棉籽饼以外的物质,若加入抗氧化剂、防霉剂等添加剂时,应做相应的说明。

⑤质量指标及分级标准 以粗蛋白质、粗纤维、粗灰分为质量控制指标,按含量分为三级,见表 3-20。

表 3-20 饲料用棉籽饼的质量指标 (%)

项 目	一级	二级	三级
粗蛋白质	≥40.0	≥36.0	≥32.0
粗纤维	≤10.0	≤12.0	≤14.0
粗灰分	≤6.0	≤7.0	≤8.0

注:各项质量指标含量均以 88% 干物质为基础计算;3 项质量指标必须全部符合相应等级的规定;二级饲料用棉籽饼为中等质量标准,低于三级者为等外品

4. 菜籽饼粕 油菜籽经加工提取菜籽油后的副产品,也是应用比较多的一种蛋白质饲料。

(1)菜籽饼粕的营养特性

①与其他饼粕类饲料一样,粗蛋白质含量也比较高,35%～38%,品质相对较好,蛋氨酸的含量与大豆饼粕相近,但赖氨酸较少,且精氨酸含量也低,可与含精氨酸高的棉籽饼粕或花生仁饼粕搭配使用。

②粗纤维含量 11%～12%。

③矿物质中,钙、磷含量较其他饼粕类饲料高,植酸磷占总磷的比例较高、约为 66%。

④B 族维生素较丰富。

(2)菜籽饼粕的饲用价值及使用中应注意的事项 含有多种有毒有害物质,包括噁唑烷硫酮、硫氰酸盐、异硫氰酸盐和腈等有毒物质。此外,菜籽饼粕中所含的芥子碱具苦味,可降低饲料的适口性,甚至可影响产品的风味。还含有一定量的植酸和单宁,同样可降低蛋白质、氨基酸和矿物质的利用率,从而影响鸽、鹑的生产性能。

在使用中应避害趋利,合理利用,一般鸽、鹑的菜籽饼粕用量在5%以下为宜。

我国现已大面积种植"双低"(低芥酸和低硫葡萄糖苷)油菜籽,其饼粕中的有毒有害物质显著减少,可加大饲喂量。

若与棉籽饼粕搭配使用,可收到较好效果。

(3)饲料用菜籽饼的质量标准 NY/T 125—1989

①主题内容与适用范围 本标准规定了饲料用菜籽饼的质量指标及分级标准。

本标准适用于油菜籽经压榨取油后的饲料用菜籽饼。

②感官性状 褐色,小瓦片状、片状或饼状,具有菜籽饼油香味,无发酵、霉变及异味异臭。

③水分 水分含量不得超过12.0%。

④夹杂物 不得掺入饲料用菜籽饼以外的物质,若加入抗氧化剂、防霉剂等添加剂时,应做相应的说明。

⑤质量指标及分级标准 以粗蛋白质、粗纤维、粗灰分及粗脂肪为质量控制指标,按含量分为三级,见表3-21。

表3-21 饲料用菜籽饼的质量指标 (%)

项 目	一级	二级	三级
粗蛋白质	≥37.0	≥34.0	≥30.0
粗纤维	≤14.0	≤14.0	≤14.0
粗灰分	≤12.0	≤12.0	≤12.0
粗脂肪	≤10.0	≤10.0	≤10.0

注:各项质量指标含量均以88%干物质为基础计算;4项质量指标必须全部符合相应等级的规定;二级饲料用菜籽饼为中等质量标准,低于三级者为等外品

(4)饲料用菜籽粕的质量标准 NY/T 126—1989

①主题内容与适用范围 本标准规定了饲料用菜籽粕的质量指标及分级标准。

本标准适用于以油菜籽经预压-浸提或浸提法取油后的饲料

用菜籽粕。

②感官性状　黄色或浅褐色,碎片或粗粉状,具有菜籽粕油香味,无发酵、霉变、结块及异味异臭。

③水分　水分含量不得超过12.0%。

④夹杂物　不得掺入饲料用菜籽粕以外的物质,若加入抗氧化剂、防霉剂等添加剂时,应做相应的说明。

⑤质量指标及分级标准　以粗蛋白质、粗纤维、粗灰分为质量控制指标,按含量分为三级,见表3-22。

表3-22　饲料用菜籽粕的质量指标　（%）

项　目	一级	二级	三级
粗蛋白质	≥40.0	≥37.0	≥33.0
粗纤维	≤14.0	≤14.0	≤14.0
粗灰分	≤8.0	≤8.0	≤8.0

注:各项质量指标含量均以88%干物质为基础计算;3项质量指标必须全部符合相应等级的规定;二级饲料用菜籽粕为中等质量标准,低于三级者为等外品

5. 芝麻饼粕　芝麻籽经加工提取芝麻油后的副产品,富含蛋白质。

(1)芝麻饼粕的营养特性

①芝麻饼粕的粗蛋白质含量约为40%,其中蛋氨酸是饼粕类饲料中最高的,但赖氨酸含量却较低。

②矿物质中钙、磷含量都比较高,但植酸磷含量占总磷的比例高达82%,影响了钙、磷、锌等的吸收利用。

(2)芝麻饼粕的饲用价值及使用中应注意的事项　芝麻饼粕具有苦涩味,适口性较差。用于饲喂鸽、鹌时,应控制其用量,一般用量为1%～3%。使用芝麻饼粕时可适当增加赖氨酸、钙、锌等的供给量,以改善饲喂效果。如果与棉籽饼粕和花生饼粕合用,可收到较好效果。

(八)玉米蛋白粉　又叫玉米面筋粉或玉米麸粉。它是玉米除

去胚芽及玉米外皮后经加工提取淀粉后的副产品,粗蛋白质含量40%～65%。玉米蛋白粉呈金黄色,蛋白质含量愈高,金黄色愈浓。

1. 玉米蛋白粉的营养特性

①玉米蛋白粉的代谢能、粗蛋白质、粗脂肪含量均显著高于玉米,其粗蛋白质受加工工艺的影响,变化范围较大,为40%～65%。必需氨基酸的含量普遍高于玉米。

②玉米蛋白粉的无氮浸出物含量明显低于玉米,粗纤维含量与玉米接近。

③除铁外,其他矿物质含量很少,钙、磷比例不符合鸽、鹑的生理需要,总磷大约为钙的7倍,非植酸磷约占总磷的25%。

2. 玉米蛋白粉的饲用价值及使用中应注意的事项　玉米蛋白粉属高能高蛋白质饲料,蛋白质的消化率很高,适合于饲喂各种鸽、鹑,但应注意适当添加赖氨酸,以保持氨基酸的平衡。

(九)鱼　粉　鱼粉是以全鱼或鱼头、鱼尾、鱼鳍、内脏等为原料,经过加工蒸煮、压榨、干燥、粉碎后的粉状物质。

1. 鱼粉的营养特性

①粗蛋白质含量高,随原料和加工工艺的不同,粗蛋白质含量50%～67%,蛋白质的消化率高达90%以上,各种氨基酸之间的比例较符合鸽、鹑的需要,各种必需氨基酸的含量也高。进口鱼粉粗蛋白质一般在60%以上,国产鱼粉在50%以上。粗蛋白质过高或过低,属不正常现象,有掺假的可能。

②鱼粉矿物质含量高,钙、磷比例更接近鸽、鹑的生理需要,不含植酸磷,磷的利用率高。鱼粉随加工工艺不同其食盐含量变化很大,一般在1%～5%之间,高的可达30%。微量元素中铁、锌、硒的含量较高,海产鱼含有较多的碘。

③维生素A、维生素E和B族维生素等的含量较丰富。

④含有促生长的未知因子(UGF),可促进幼鸽、幼鹑的生长。

2. 鱼粉的饲用价值及使用中应注意的事项 鱼粉属优质蛋白质补充料,有很好的饲喂效果。但应注意鱼粉售价高,常出现掺假产品,购买时应注意识别;部分鱼粉含盐量高,最好先测定食盐含量,以免因用量不当造成食盐中毒。鸽、鹑配合饲料中鱼粉的用量一般以不超过 10% 为宜。鱼粉脂肪含量较高,久贮易遭受氧化酸败,降低适口性,还可能引起鸽、鹑腹泻。

3. 鱼粉的品质感官鉴定

色泽:随制作鱼粉的原料不同,色泽也各异。如鲱鱼粉呈淡黄色或淡褐色,沙丁鱼粉呈红褐色,鳕鱼、鲽鱼等鱼粉呈淡黄色或灰白色。

气味:应有正常的烤鱼腥香味,有鱼溶浆者腥味较重。若有酸败、氨臭或焦味,则表示该鱼粉品质不佳。

外观:呈均匀的粉状,有明显的闪亮鳞片、鱼眼、鱼骨等,并可见到鱼肉纤维,用手揉搓有肉质感。

4. 鱼粉的质量标准 SC 3501—1996

(1)范围 本标准规定了鱼粉的要求、抽样、试验方法、标志、包装等内容。

本标准适用于鱼、虾、蟹类等水产动物及其加工的废弃物为原料,经干法(蒸干、脱脂、粉碎)或湿法(蒸煮、压榨、烘干、粉碎)制成的饲料用鱼粉。

(2)要 求

原料:鱼粉生产所使用的原料只能是鱼、虾、蟹类等水产动物及其加工的废弃物,不得使用受到石油、农药、有害金属或其他化合物污染的原料加工鱼粉。必要时,原料应进行分拣,并去除沙石、草木、金属等杂物。

原料应保持新鲜并及时加工处理,避免腐败变质。已经腐败变质的原料不应再加工成鱼粉。

感官指标见表3-23。

表 3-23　鱼粉的感官指标

分　级	特级品	一级品	二级品、三级品
色　泽	黄棕色、黄褐色等正常颜色		
组　织	膨松，纤维状组织明显，无结块、无霉变	较膨松，纤维状组织明显，无结块、无霉变	松软粉状物，无结块、无霉变
气　味	有鱼香味，无焦灼味和油脂酸败味		具有鱼粉正常气味，无异臭、无焦灼味

（3）理化指标　见表 3-24。

表 3-24　鱼粉的理化指标　（％）

项　目	特级品	一级品	二级品	三级品
粉碎粒度	至少有 98％的鱼粉能通过 2.3 毫米筛孔的标准筛			
粗蛋白质	>60	>55	>50	>45
粗脂肪	<10	<10	<12	<12
水　分	<10	<10	<10	<12
盐　分	<2	<3	<3	<4
灰　分	<15	<20	<25	<25

鱼粉中不允许添加非鱼粉原料的含氮物质，诸如植物油饼粕、皮革粉、羽毛粉、尿素、血粉等。亦不允许添加加工鱼露的废渣。

鱼粉的卫生指标应符合 GB 13078 的规定，鱼粉中不得有寄生虫。

鱼粉中金属铬（以 6 价铬计）允许量小于 10 毫克/千克。

鱼粉酸价作为非强制性指标，在用户或检验机构提出要求时才进行检验。

（十）肉骨粉和肉粉　肉骨粉、肉粉均系屠宰厂或肉品加工厂废弃的、不能被人食用的碎肉、内脏、骨骼等原料，经过高压灭菌、去油、烘干、粉碎而成，若产品中骨骼的含量大于 10％为肉骨粉，其粗蛋白质含量为 45%～55%。而肉粉中粗蛋白质含量达60%～70%。

1. 肉骨粉和肉粉的营养特性

①肉骨粉和肉粉均属补充蛋白质的饲料原料,粗蛋白质含量40%～70%,氨基酸含量受加工原料的影响差异较大,特别是含结缔组织和角质较多的肉骨粉,其必需氨基酸量甚低,蛋氨酸及色氨酸均明显低于鱼粉,赖氨酸含量略高于豆粕,蛋白质生物价值不如鱼粉。

②肉骨粉及肉粉含有较多的钙、磷(尤其是肉骨粉),钙含量5.3%～9.2%,磷相应为 2.5%～4.7%。

③是 B 族维生素的良好来源,尤其含有较多的维生素 B_{12},烟酸,胆碱,但缺少维生素 A 和维生素 D。

④肉骨粉及肉粉的有效能值显著低于鱼粉,且随原料的变化而有较大差异,可结合肉骨粉和肉粉的品质进行判断。

2. 肉骨粉和肉粉的饲用价值及使用中应注意的事项 肉骨粉可作为鸽、鹑的蛋白质和钙、磷补充饲料,但饲养效果不如鱼粉,甚至有些肉骨粉和肉粉比大豆饼粕差。由于其品质变化较大,使用量不宜太多,以不超过 6% 为宜。品质明显低劣者勿用为宜。

肉骨粉和肉粉及其原料易受细菌污染,尤以沙门氏菌的污染危害最严重,常有畜禽食用肉骨粉和肉粉中毒的报道。使用时最好能检测产品中的大肠杆菌及沙门氏菌。

肉骨粉和肉粉时有掺假的情形,应注意识别。

3. 判断肉骨粉和肉粉的感官指标

颜色:呈黄色或淡褐色或深褐色,脂肪含量高时颜色会加深,加热过度时颜色也会加深。

味道:具烤肉的香味或猪、牛油味,如出现酸败味道表明贮存不好,肉骨粉和肉粉已变质。

(十一)桑蚕蛹和桑蚕蛹粉 桑蚕蛹是缫丝工业的副产品,是抽丝后剩下的蚕蛹。用作饲料常经高温干燥、粉碎成桑蚕蛹粉。

桑蚕蛹含有丰富的代谢能,是一种高蛋白质饲料。

1. 桑蚕蛹的营养特性　桑蚕蛹的粗蛋白质含量高达 60%,与优质鱼粉相近,且氨基酸的组成也比较平衡,比较符合鸽、鹑对各种氨基酸的需要,粗脂肪的含量也超过 20%。

2. 桑蚕蛹的饲用价值及使用中应注意的事项　桑蚕蛹及桑蚕蛹粉因含有较多的粗蛋白质和粗脂肪,常常被用来提高日粮的能量浓度,是鸽、鹑用配合饲料的一种优质的组成成分。桑蚕蛹及桑蚕蛹粉含有一种特殊气味,可影响产品质量,日粮中所占比例不宜超过 5%,特别是肉鹑、肉鸽,在屠宰前 1 周应停喂桑蚕蛹,以免影响肉的风味。

3. 饲料用桑蚕蛹的质量标准 NY/T 218—1992

(1)**主题内容与适用范围**　本标准规定了饲料用桑蚕蛹的质量指标及分级标准。

本标准适用于桑蚕茧经缫丝后所得饲料用商品桑蚕蛹。

(2)**感官性状**　呈褐色蛹粒状及少量碎片,色泽新鲜一致,无发酵、霉变、结块及异味异臭。

(3)**水分**　水分含量不得超过 12.0%。各商品流通环节中的饲料用桑蚕蛹的水分含量最大限度和安全贮存水分标准可由各省、自治区、直辖市自行规定。

(4)**夹杂物**　不得掺入饲料用桑蚕蛹以外的物质,若加入抗氧化剂、防霉剂等添加剂时,应做相应的说明。

(5)**质量指标及分级标准**　以粗蛋白质、粗纤维、粗灰分为质量控制指标,按含量分为三级,见表 3-25。

表 3-25　饲料用桑蚕蛹的质量指标　(%)

项　目	一级	二级	三级
粗蛋白质	≥50.0	≥45.0	≥40.0
粗纤维	<4.0	<5.0	<6.0
粗灰分	<4.0	<5.0	<6.0

注:各项质量指标含量均以 88％干物质为基础计算;3 项质量指标必须全部符合相应等级的规定;二级饲料用桑蚕蛹为中等质量标准,低于三级者为等外品

三、常用矿物质饲料的营养特性、饲用价值及质量标准

动植物饲料虽含有一定量的矿物质,但这些饲料中的矿物质含量不一定能与鸽、鹑的需要吻合,不一定能被鸽、鹑充分利用。实践证明,单靠动植物饲料配制的日粮饲喂鸽、鹑,往往满足不了鸽、鹑对矿物质的需要,要求以其他形式补充其不足,这种形式就由矿物质饲料来实现。这里所指的矿物质是指钙、磷、钾、钠、氯、硫、镁等 7 种常量元素,在鸽、鹑体内的含量都超过 150 毫克/千克以上,重点补充钙、磷、钠 3 种元素。矿物质饲料也是鸽生产保健砂的主要原料。

(一)碳酸钙 是石灰石煅烧加工而成,碳酸钙是一种鸽、鹑常用的优质钙源,含钙量为 40％。

我国饲料级轻质碳酸钙质量标准 HG 2940—2000。

1. 范 围 本标准适用于炭化法制得的轻质碳酸钙,在饲料加工中作为钙的补充剂。

分子式:$CaCO_3$

相对分子质量:100.09(按 1997 年国际相对原子质量)。

2. 要 求 外观为白色粉末。饲料级轻质碳酸钙应符合表 3-26 的要求。

表 3-26 饲料级轻质碳酸钙的质量指标 (％)

项 目	指 标
碳酸钙($CaCO_3$)含量(以干基计)	≥98.0
钙(Ca)含量(以干基计)	≥39.2
水分含量	≤1.0

续表 3-26 （%）

项 目	指 标
盐酸不溶物含量	≤0.2
重金属(以 Pb 计)含量	≤0.003
砷(As)含量	≤0.000 2
钡盐(以 Ba 计)含量	≤0.030

(二)磷酸氢钙 磷酸氢钙呈白色或灰白色,有粉末和颗粒两种。其中二水化合物的钙、磷利用率较佳。

1. 饲料级磷酸氢钙的标准 HG 2636—2000

(1)范围 本标准适用于工业磷酸与石灰乳或碳酸钙中和生产的饲料级磷酸氢钙。不适用于有毒有害的磷酸生产的磷酸氢钙。

该产品在饲料加工中作为钙和磷的补充剂。

分子式:$CaHPO_4 \cdot 2H_2O$。

相对分子质量:172.10(按 1995 年国际相对原子质量)。

(2)要求 外观为白色、微黄色、微灰色粉末或颗粒状。饲料级磷酸氢钙应符合表 3-27 要求。

表 3-27 饲料级磷酸氢钙的标准 （%）

项 目	指 标
磷(P)含量	≥16.5
钙(Ca)含量	≥21.0
氟(F)含量	≤0.18
铅(Pb)含量	≤0.003
砷(As)含量	≤0.003
细度(粉末状通过 500 微米试验筛)	≥95

2. 饲料级磷酸氢钙(骨制)的质量标准 QB/T 2355—98

(1)范围 本标准适用于明胶生产企业由骨制取胶原时所得，在生产配合饲料中作为钙和磷的补充饲料。

(2)要求外观应为白色或类白色粉末。理化指标应符合表3-28要求。

表 3-28 饲料级磷酸氢钙(骨制)的质量标准 （%）

项 目	一级	二级
磷含量(P)	≥16.0	≥14.0
钙含量(Ca)	≥21.0	≥22.0
砷含量(As)	≤0.001	≤0.001
重金属含量(以 Pb 计)	≤0.003	≤0.003
氟化物含量(以 F 计)	≤0.18	≤0.18
胶原蛋白含量	≤0.2~1.0	≤0.2~1.0

(三)石 粉 又称石灰石粉，系天然优质石灰石经粉碎而得，主要成分为碳酸钙，含钙34%~39%，用于补充钙质及少量的微量元素，价格低廉、利用率高是其优点。在使用石粉时要求镁、铅、汞、砷及氟的含量在卫生标准允许范围之内。鸽、鹑所用石粉粒度以 0.67~1.30 毫米(26~28 目)为宜。

(四)蚝壳片 用蚝壳经粉碎机碾制成直径为 0.5~0.8 厘米，即如豌豆切面大小。其成分是：钙 38.1%、磷 0.07%、镁 0.3%、钾 0.1%、铁 0.29%、氯 0.01%。蚝壳片的作用主要是补充钙质，防止鸽子软骨症和产软壳蛋等。此外，它还与酶的代谢及凝血因子的形成有关。蚝壳片能增强鸽肌胃的消化功能。

(五)蛋壳粉 由蛋品加工厂或孵化场收集的蛋壳，经灭菌、干燥、粉碎而成，生产蛋壳粉时应特别注意消毒灭菌，因蛋壳多少都附着有少量蛋白和壳膜，一经污染腐败将严重影响其品质，甚至传播疫病,多在缺乏蚝壳或骨粉时使用。主要成分为钙34.8%、磷2.3%,是一种优质钙源,可与贝壳粉或石粉配合使用,可改善蛋壳强度。

(六)骨粉　以动物的骨骼经加热加压、脱脂、脱胶、干燥、粉碎加工而成,主要成分为磷酸钙。骨粉含钙30%～35%、含磷13%～15%、钠5.69%、镁0.33%、钾0.19%、硫2.51%、铁2.67%、铜1.15%、锌1.3%、氯0.01%、氟0.05%等。钙、磷组成比例更符合鸽、鹑的需要,并含鸽、鹑所需的多种微量元素,例如,含铁、铜、锌,含氟量较低。

钙、磷和氟的含量随加工方法的不同,而有所差异,应注意选择使用。若发现骨粉有异味、腥臭、灰泥色,表明骨粉可能已被污染,带有大量致病菌,应停止使用。骨粉不同加工方法所得钙、磷含量见表3-29。

表3-29　骨粉不同加工方法钙、磷含量的比较

饲　料	磷(%)	钙(%)	氟(毫克/千克)
煮骨粉	0.95	24.53	—
脱脂煮骨粉	11.65	25.40	—
蒸汽处理骨粉	12.86	30.71	3569
脱脂蒸汽骨粉	14.88	33.59	—
骨制沉淀磷酸钙	11.35	28.77	—

(七)贝壳粉　本品由牡蛎壳、蚌壳、蛤蜊壳、螺蛳壳等,经过干燥、加工粉碎而成的粉状或颗粒状产品,呈灰白色或灰色,主要成分是碳酸钙,含钙量与石粉相近,为33%～38%,还有少量的蛋白质和磷,制作饲料配方时,这些蛋白质和磷通常忽略不计。用贝壳粉配制鸽、鹑饲粮,可改善蛋壳品质,提高产蛋率。

(八)脱氟磷酸钙　由天然磷钙石或磷灰石粉碎脱氟而得。含钙 36%,含磷 16%,含氟小于 0.2%,由于含氟量低,比使用磷酸钙更安全,是鸽、鹑钙、磷补充饲料之一。

(九)石　膏　其主要成分为硫酸钙($CaSO_4 \cdot 2H_2O$),天然含硫酸钙的矿物经煅烧、粉碎而成,呈灰色或白色结晶性粉末。含钙量 20%~30%,硫含量约 18%。含较多的砷、铅、氟等,使用量宜少。硫酸钙能提供良好钙源和硫源,生物学效价较高。石膏还具有清热解毒的功效,增加蛋壳光滑的作用。据介绍,石膏对鸽的换羽有促进作用,用量不超过 5%。

(十)食　盐　是鸽、鹑必需的常量元素氯和钠的供给者,还有少量的钾、碘、镁等元素,食盐可改善适口性,刺激食欲,促进消化。饲用食盐的粒度直径应通过 0.61 毫米筛孔,含水不超过 0.5%,纯度在 95% 以上。目前一般使用加碘食盐,其碘含量在 70 毫克/千克左右。鸽、鹑日粮中食盐的含量不宜过多,视配合饲料中其他原料含钠、氯量而定,一般食盐补充量为饲粮的 0.2%~0.35%,过多会造成食盐中毒。

(十一)碳酸氢钠　当日粮中氯含量较多,而钠不足时可用碳酸氢钠补充钠。碳酸氢钠还是一种很好的缓冲剂和电解质,可缓解热应激,改善蛋壳强度,提高蛋品品质。在添加碳酸氢钠的同时,应注意适当降低食盐的供给量。

(十二)木炭末　木炭是一种吸附剂,木炭末总表面积大,有很强的吸附作用,能够吸附肠道发酵产生的有害气体,清除有害的化学物质和病原微生物,收敛止痢等作用。木炭末能附着在肠道的黏膜上,起到保护肠管的作用,但与此同时,木炭末也会吸附部分营养物质,影响这些物质在肠道的消化吸收。木炭末用量一般控制在 4% 以内。

(十三)氧化铁　呈红棕色,故又称为红铁氧。氧化铁的主要作用在于提供鸽体内需要的铁质,合成血红蛋白,促进血液循环。另外,可加深保健砂的色度,刺激食欲。用量以 0.5%~1% 为宜。

（十四）红 土 也称为黄泥或黄土，富含铁及锌、钴、锰、硒等多种微量元素，可补充肉用鸽对微量元素的需要。红土应从深层采集，减少有机物及微生物的污染。获得的红土在阳光下曝晒干燥后，装袋保存备用。

（十五）粗 砂 主要能帮助肌胃对饲料进行机械磨碎，便于肠道对营养物质的消化和吸收。保健砂中没有砂粒易导致鸽子消化不良，降低饲料的利用价值。粗砂最好取自污染较少的溪河，采集的河沙经过筛选，弃去过小过大的颗粒，选留中等颗粒洗净，日光下曝晒数日后，袋装备用。保健砂中添加砂粒可防止肉鸽消化不良，提高饲料利用率。

（十六）石 粒 又称石米，是将含碳酸钙的矿石，磨碎成米粒大小颗粒即为石粒，用它来代替砂粒，可收到较好的饲养效果，甚至优于砂粒。经一些鸽场使用后认为，石粒除具有与砂粒相同的作用外，石粒较砂粒坚硬，磨碎食物的能力较强，还具有来源较易，大小均匀，干净好用，不含杂质等优点。石粒虽不易在肌胃中磨碎，但能通过体内调节和消化功能的作用，将部分较细的石粒从粪便中排出。其余部分在鸽肌胃的收缩压力和酸性作用下，可逐步将石粒磨细或粉碎而排出。

四、常用饲料添加剂的营养特性、饲用价值及质量标准

（一）饲料添加剂概述 为了全面满足鸽、鹑的营养需要，在配合饲料中添加一些，具有不同生理功能的微量物质，这些物质统称为饲料添加剂，包括营养性饲料添加剂和非营养性饲料添加剂两大类。饲料添加剂可以提高饲料的营养价值、促进动物生长、保障动物健康、提高生产性能、降低饲料成本、改善畜产品品质等。

我国已批准使用的饲料添加剂共有 173 种（类），见表 3-30。随着新产品的不断开发，人们在使用过程中对添加剂的认识不断

深化,国家将会对允许使用的饲料添加剂种类进行调整。

表 3-30 饲料添加剂品种目录

(农业部 2003 年发布的第 318 号公告)

类　　别	饲料添加剂名称
氨基酸	L-赖氨酸盐酸盐,L-赖氨酸﹡、硫酸盐,DL-蛋氨酸、L-色氨酸、L-苏氨酸
维生素	维生素 A、维生素 A 乙酸酯、维生素 A 棕榈酸酯、维生素 D_3、维生素 Eα-生育酚、α-生育酚乙酸酯、维生素 K_3(亚硫酸氢钠甲萘醌)、二甲基嘧啶醇亚硫酸甲萘醌、维生素 B_1(盐酸硫胺)、维生素 B_1(硝酸硫胺)、维生素 B_2(核黄素)、维生素 B_6(盐酸吡哆醇)、烟酸、烟酰胺、D-泛酸钙、DL-泛酸钙、叶酸、维生素 B_{12}(氰钴胺)、维生素 C(L-抗坏血酸)、L-抗坏血酸钙、L-抗坏血酸-2-磷酸酯、D-生物素、氯化胆碱、L-肉碱盐酸盐、肌醇
矿物质元素及其络合物	硫酸钠、氯化钠、磷酸二氢钠、磷酸氢二钠、磷酸二氢钾、磷酸氢二钾、碳酸钙、氯化钙、磷酸氢钙、磷酸二氢钙、磷酸三钙、乳酸钙、七水硫酸镁、一水硫酸镁、氧化镁、氯化镁、七水硫酸亚铁、一水硫酸亚铁、五水硫酸铜、一水硫酸铜、蛋氨酸铜、七水硫酸锌、一水硫酸锌、无水硫酸锌、氧化锌、蛋氨酸锌、一水硫酸锰、氯化锰、碘化钾、氧化锰、碘酸钾、碘酸钙、六水氯化钴、一水氯化钴、硫酸钴、亚硒酸钠、蛋氨酸铜络合物、甘氨酸铁络合物、蛋氨酸铁络合物、蛋氨酸锌络合物、酵母铜、酵母铁、酵母锰、酵母硒、烟酸铬、吡啶羧酸铬(甲基吡啶铬)、酵母铬、蛋氨酸铬﹡
酶制剂	蛋白酶(产自米曲霉,黑曲霉,枯草芽孢杆菌)、淀粉酶(产自地衣芽孢杆菌,黑曲霉,解淀粉芽孢杆菌,枯草芽孢杆菌)、支链淀粉酶(产自酸解支链淀粉芽孢杆菌)、果胶酶(产自黑曲霉)、脂肪酶(产自黑曲霉)、纤维素酶(产自长柄木霉、李氏木霉)、麦芽糖酶(产自枯草芽孢杆菌)、木聚糖酶(产自孤独腐质酶,米曲霉,长柄木霉)、β-葡聚糖酶(产自黑曲霉,长柄木霉,枯草芽孢杆菌)、甘露聚糖酶(产自迟缓芽孢杆菌)、植酸酶(产自黑曲霉,米曲霉)、葡萄糖氧化酶(产自特异青酶)

续表 3-30

类　　别	饲料添加剂名称
微生物添加剂	地衣芽孢杆菌 ＊、两歧双歧杆菌 ＊，干酪乳杆菌、植物乳杆菌、粪肠球菌、屎肠球菌、乳酸肠球菌、枯草芽孢杆菌、嗜酸乳杆菌、乳酸片球菌、戊糖片球菌 ＊，乳酸乳球菌，酿酒酵母、产阮假丝酵母、沼泽红假单胞菌
非蛋白氮	尿素、硫酸铵、液氨、磷酸氢二铵、磷酸二氢铵、缩二脲、异丁叉二脲、磷酸脲、碳酸氢铵
抗氧化剂	乙氧基喹啉、二丁基羟基甲苯（BHT）、丁基羟基茴香醚（BHA）、没食子酸丙酯
防腐剂、电解质平衡剂	甲酸、甲酸钙、甲酸铵、乙酸、双乙酸钠、丙酸、丙酸钙、丙酸钠、丙酸铵、丁酸、丁酸钠、乳酸、苯甲酸、苯甲酸钠、山梨酸、山梨酸钠、富马酸、柠檬酸、酒石酸、苹果酸、磷酸、氢氧化钠、碳酸氢钠、氯化钾
着色剂	β-胡萝卜素、β-阿朴-8'-胡萝卜素醛、辣椒红、β-阿朴-8'-胡萝卜素酸乙酯、虾青素、β-胡萝卜素-4,4-二酮（斑蝥黄）、叶黄素 ＊，万寿菊花提取物（天然叶黄素）
调味剂、香料	糖精钠、谷氨酸钠、5'-肌苷酸二钠、5'-鸟苷酸二钠、血根碱、食品用香料
黏结剂、抗结块剂和稳定剂	淀粉、海藻酸钠、羧甲基纤维素钠、丙二醇、二氧化硅、硅酸钙、三氧化二铝、蔗糖脂肪酸酯、山梨醇酐脂肪酸酯、甘油脂肪酸酯、硬脂酸钙、聚氧乙烯 20 山梨醇酐单油酸酯、聚丙烯酸树脂Ⅱ、可食脂肪酸钙盐 ＊
其　他	糖萜素、甘露寡糖、果寡糖、乙酰氧肟酸、丝兰提取物（天然类固醇萨洒皂角苷 YUCCA）、大蒜素、甜菜碱、聚乙烯聚吡咯烷酮（PVPP）、山梨糖醇、甜菜碱盐酸盐、天然甜菜碱、大豆磷脂、二十二碳六烯酸 ＊，半至香酚

作为饲料添加剂，一般应具备下列条件。

①选用的添加剂和预混料应符合国家有关品种的要求，不得使用非推荐品种，并严格遵守该添加剂的剂量和使用规定。

②长期使用或使用期间，不应对鸽、鹑产生急性或慢性毒害作

用和不良影响,不妨碍鸽、鹑的繁殖性能和后代的生长发育。

③选用添加剂必须考虑性价比,应具有良好的生物学效价,有确切的生产效果和经济效益。既要考虑添加剂的价格,更要考虑对鸽、鹑健康和生产效益所产生的影响。如某种添加剂比类似的一种价格高出 15%,但鸽、鹑的增重却可提高 50%,两相比较当然选用价高质优的。

④添加剂在贮存过程中和在配合饲料加工贮藏中,以及在鸽、鹑体内都应具有较好的稳定性。

⑤在畜产品中的残留量不能超过允许的标准范围,不影响鸽、鹑产品的质量和人体健康。

⑥添加剂饲料中,有毒元素(如铅、镉、汞、砷等)的含量不得超过允许范围。

⑦应有良好的适口性,在嗅觉和口感方面不应存在异常,添加后不致影响鸽、鹑的采食量。

⑧在鸽、鹑体内经代谢分解后,其终端产物由粪便排出体外时,不得污染环境。

(二)营养性饲料添加剂 包括氨基酸、维生素、微量元素等三类。

1. 氨基酸添加剂

(1)L-赖氨酸盐酸盐 为白色或淡褐色粉末,无味或略带特殊气味,易溶于水,难溶于乙醇。L-赖氨酸盐酸盐中有效 L-赖氨酸的含量仅有 78.8%,商品纯度一般为 98.5%。在添加时应将纯度和有效 L-赖氨酸等因素加以考虑,可按下列公式计算:

L-赖氨酸盐酸盐添加量＝L-赖氨酸补充量÷98.5%÷78.8%

饲料级 L-赖氨酸盐酸盐质量标准 GB 8245—87:本标准适用于以淀粉、糖质为原料,经发酵提取制得的 L-赖氨酸盐酸盐。

饲料级 L-赖氨酸盐酸盐应符合表 3-31 要求。

表 3-31　饲料级 L-赖氨酸盐酸盐的标准

指标名称	指　标
含量(以 $C_6H_{14}N_2O_2 \cdot HCl$ 干基计)(%)	$\geqslant 98.5$
比旋光度	$+18.0° \sim +21.5°$
干燥失重(%)	$\leqslant 1.0$
灼烧残渣(%)	$\leqslant 0.3$
铵盐(以 NH_4 计)(%)	$\leqslant 0.04$
重金属(以 Pb 计)(%)	$\leqslant 0.003$
砷(以 As 计)(%)	$\leqslant 0.0002$

(2)蛋氨酸及其类似物　目前配合饲料中广泛使用的蛋氨酸有两类,一类是 DL-蛋氨酸,另一类是 DL-蛋氨酸羟基类似物(液体)及其钙盐(固体)。

①DL-蛋氨酸　白色或淡黄色结晶性粉末,有特殊臭味,味微甜。市售 DL-蛋氨酸的纯度一般可达 99%,是目前生产上使用最广泛的一种,使用时应参照赖氨酸的折算方法计算添加量。

饲料级 DL-蛋氨酸质量标准 GB/T17810—1999

范围:本标准适用于以甲硫基丙醛、氰化物、硫酸及氢氧化钠为主要原料生产的饲料级 DL-蛋氨酸。

化学分子式:$CH_3S—CH_2—CH_2—CH(NH_2)—COOH$($C_5H_{11}NO_2S$)

相对分子质量:149.2(按 1995 年国际相对原子量)

化学名称:2-氨基-4-甲硫基丁酸

要求:外观白色或浅黄色结晶或粉末状结晶。

DL-蛋氨酸鉴别试验:本品微溶于水,溶于稀盐酸及氢氧化钠溶液。无旋光性。

硫酸铜试验:称取试样 25 毫克,加 1 毫升饱和无水硫酸铜硫酸溶液,液体呈黄色。

亚硝基铁氰化钠试验:称取试样 5 毫克,加 2 毫升氢氧化钠溶液(1+5),震荡混匀,加 0.3 毫升亚硝基铁氰化钠溶液(1+10),充分摇匀,在 35℃～40℃下放置 10 分钟,冷却加入 10 毫升盐酸溶液(1+10),摇匀,溶液呈赤色。

理化指标应符合表 3-32 要求。

表 3-32　饲料级 DL-蛋氨酸的理化指标　(%)

项　目	指标要求
DL-蛋氨酸	≥98.5
干燥失重	≤1.0
氯化物(以 NaCl 计)	≤0.2
重金属(以 Pb 计)	≤0.002
砷(以 As 计)	≤0.0002

②DL-蛋氨酸羟基类似物(英文缩写 MHA)　是 DL-蛋氨酸合成过程中氨基由羟基所代替的一种产品,又名液态羟基蛋氨酸。

化学名称为 DL-2-羟基-4-甲硫基丁酸,分子量 150.2,分子式 $C_5H_{10}O_3S$,产品外观为褐色黏液,有硫化物特殊气味。

据报道,MHA 用作饲料添加剂时,可作为蛋氨酸的替代品使用,促进动物生长发育。如其效果按重量比计,相当于蛋氨酸的 65%～88%。使用时可用喷雾器将其直接喷入饲料后混合均匀,操作时应避免该产品直接接触皮肤。在使用后,需用水冲净皮肤,若眼睛粘上该产品,亦需用清水冲洗。

(3)色氨酸添加剂　常用的色氨酸有 L-色氨酸和 DL-色氨酸两种,L-色氨酸为白色或淡黄色粉末,无臭味或略有特殊气味,其生物学效价较高,DL-色氨酸的效价只是 L-色氨酸效价的 60%～80%。饲料级 L-色氨酸的理化指标如表 3-33 所示。

表 3-33　饲料级 L-色氨酸的理化指标　（%）

项　目	指标要求
L-色氨酸	≥98.5
干燥失重	≤1.0
氯化物（以 NaCl 计）	≤0.2
重金属（以 Pb 计）	≤0.002
砷（以 As 计）	≤0.0002

2. 微量元素添加剂　微量元素均以其盐的形式添加到配合饲料中。

（1）铁（Fe）　常用的铁盐为硫酸亚铁,俗称绿矾或铁矾。硫酸亚铁为淡蓝绿色柱状结晶,溶于水,微溶于醇,在干燥空气中易风化,潮湿可使硫酸亚铁氧化成棕黄色的碱式硫酸铁。

饲料级硫酸亚铁的质量标准 HG 2935—2000 要求如下。

范围：本标准适用于一水或七水饲料级硫酸亚铁。该产品在饲料加工中作为铁的补充剂。

分子式：$FeSO_4 \cdot nH_2O$,n=1 或 7。

相对分子质量：169.93（n=1）,278.0（n=7）（按 1997 年国际相对分子质量）。

分类：饲料级硫酸亚铁分为一水硫酸亚铁和七水硫酸亚铁两类。

要求：一水硫酸亚铁外观为灰白色粉末,七水硫酸亚铁为蓝绿色结晶。

饲料级硫酸亚铁应符合表 3-34 要求。

表 3-34 饲料级硫酸亚铁的技术指标 （％）

项　目	一水硫酸亚铁 （$FeSO_4 \cdot H_2O$）	七水硫酸亚铁 （$FeSO_4 \cdot 7H_2O$）
硫酸亚铁含量	≥91.0	≥98.0
铁（Fe）含量	≥30	≥19.7
铅（Pb）含量	≤0.002	≤0.002
砷（As）含量	≤0.0002	≤0.0002

（2）铜（Cu）　可用作铜添加剂的铜盐有硫酸铜、氧化铜、氯化铜、碳酸铜等，目前使用较多的是硫酸铜。硫酸铜俗称蓝矾、胆矾、蓝石、铜矾。市售五水硫酸铜为深蓝色块状结晶或蓝色结晶粉末，有毒，无臭，有金属涩味，溶于水及氨水，微溶于甲醇，不溶于无水乙醇，水溶液呈弱酸性反应。

饲料级硫酸铜的质量标准 HG 293—1999 要求如下。

范围：本标准适用于饲料级硫酸铜，该产品经预处理后作为铜的补充剂。

分子式：$CuSO_4 \cdot 5H_2O$。

相对分子质量：249.68（按 1995 年国际相对分子质量）。

要求：外观为浅蓝色结晶颗粒。

饲料级硫酸铜应符合表 3-35 的要求。

表 3-35 饲料级硫酸铜的技术指标 （％）

项　目	指标要求
硫酸铜（$CuSO_4 \cdot 5H_2O$）含量	≥98.5
硫酸铜（以 Cu 计）含量	≥25.06
水不溶物含量	≤0.2
砷（As）含量	≤0.0004
铅（Pb）含量	≤0.001
细度（通过 800 微米试验筛）	≥95

注：未经预处理的产品细度可不作要求

杂质及游离硫酸含量不可太高,长期贮存易产生结块现象。铜会促进不稳定脂肪氧化而造成酸败,同时破坏维生素,配制时应注意。本品操作时应避免与眼、皮肤接触,并防止吸入体内。

(3)钴(Co)　可用于补充钴源的钴盐有硫酸钴、氯化钴、氧化钴、碳酸钴和硝酸钴等几种,鸽、鹑都易吸收。目前使用较多的是氯化钴和硫酸钴。

饲料级氯化钴的质量标准 GB 8255—87 要求如下。

本标准适用于以含钴原料与盐酸反应生成的氯化钴。本品在饲料加工中作为钴的补充剂。

分子式:$CoCl_2 \cdot 6H_2O$。

相对分子质量:237.93(按 1983 年国际原子量)。

外观红色或红紫色结晶。

饲料级氯化钴应符合表 3-36 的要求。

表 3-36　饲料级氯化钴的技术指标　(%)

项　目	指标要求
氯化钴($CoCl_2 \cdot 6H_2O$)	≥98.0
氯化钴(以 Co 计)	≥24.31
水不溶物	≤0.03
砷(As)	≤0.0005
铅(Pb)	≤0.001
细度(通过 800 微米试验筛)	≥95

(4)锌(Zn)　配合饲料中常用的锌盐为硫酸锌和氧化锌两种。

①硫酸锌　根据其化学结构有一水硫酸锌和七水硫酸锌两种,前者为白色粉末,后者为无色结晶,均无臭。七水硫酸锌俗称皓矾,易溶于水,水溶性呈酸性,也溶于乙醇和甘油。纯硫酸锌在

空气中久贮时不会变黄,置于干燥空气中会风化失水生成白色粉末。

化学分子式:$ZnSO_4 \cdot 7H_2O$

相对分子质量:287.53(按 1983 年国际原子量)

产品质量标准:饲料级硫酸锌的质量标准 HG 2934—2000。饲料级硫酸锌应符合表 3-37 的要求。

表 3-37　饲料级硫酸锌的技术指标　(%)

指　标	Ⅰ类 ($ZnSO_4 \cdot H_2O$)	Ⅱ类 ($ZnSO_4 \cdot 7H_2O$)
硫酸锌含量	≥94.7	≥97.3
锌(Zn)含量	≥34.5	≥22.0
砷(As)含量	≤0.0005	≤0.0005
铅(Pb)含量	≤0.002	≤0.001
镉(Cd)含量	≤0.003	≤0.002
细度(通过 250 微米试验筛)	≥95	≥95
(通过 800 微米试验筛)	≥95	≥95

②氧化锌　　为白色或微黄色粉末,无气味,不溶于水、乙醇,溶于酸、氢氧化钠水溶液、氯化铵。大量吸入氧化锌粉尘可阻塞皮脂腺管和引起皮肤丘疹、湿疹。

化学分子式:ZnO

相对分子质量:81.37(按 1983 年国际原子量)

产品质量标准:饲料级氧化锌的质量标准 HG 2792—1996。

饲料级氧化锌的技术指标如表 3-38 所示。

表 3-38　饲料级氧化锌的技术指标　（％）

项　目	指标要求
氧化锌（ZnO）含量	≥95.0
氧化锌（以 Zn 计）含量	≥76.3
铅（Pb）含量	≤0.005
镉（Cd）含量	≤0.001
砷（As）含量	≤0.001
细度（通过 150 微米试验筛）	≥95

（5）锰（Mn）　市售锰盐中使用最多的是硫酸锰，又称硫酸亚锰。为淡粉红色结晶或结晶性粉末，无臭，味微苦，易溶于水，不溶于乙醇。高温多湿环境下，贮存时间太长会发生结块。

化学分子式：$MnSO_4$

相对分子质量：151.00（按 1983 年国际原子量）

产品质量标准：饲料级硫酸锰的质量标准 BG 8253—87。

饲料级硫酸锰的技术指标如表 3-39 所示。

表 3-39　饲料级硫酸锰的技术指标　（％）

项　目	指标要求
硫酸锰（$MnSO_4 \cdot H_2O$）	≥96.0
锰（Mn）	≥31.0
砷（As）	≤0.0005
重金属（以 Pb 计）	≤0.0015
水不溶物	≤0.05
细度（通过 250 微米试验筛）	≥95

（6）碘（Ⅰ）　配合饲料中常用的碘盐为碘化钾和碘酸钙两种。

①碘化钾：碘化钾为白色结晶或白色结晶性粉末，无臭，具苦

味及碱味,极易溶于水、乙醇、丙酮和甘油,水溶液遇光变黄,并析出游离碘。

化学分子式:KI

相对分子质量:166.01

产品质量标准:饲料级碘化钾的质量标准 BG 8253—87。

饲料级碘化钾的技术指标如表 3-40。

表 3-40　饲料级碘化钾的技术参考指标　（%）

项　目	指标要求
碘化钾（KI）	≥99.0
碘（I）	≥76.0
砷（As）	≤0.0005
重金属（以 Pb 计）	≤0.001
水不溶物	≤0.05

②碘酸钙:碘酸钙为白色结晶或结晶性粉末,无臭或有轻微特殊臭味,难溶于水。

饲料级碘酸钙的技术指标如表 3-41。

表 3-41　饲料级碘酸钙的技术参考指标　（%）

项　目	指标要求
碘酸钙〔Ca(IO$_3$)$_2$〕	≥95.0
碘（I）	≥65.0
砷（As）	≤0.0005
重金属（以 Pb 计）	≤0.001
水不溶物	≤0.05

（7）硒（Se）　配合饲料中添加的硒盐主要为亚硒酸钠和硒酸

钠两种,亚硒酸钠的生物利用率高于硒酸钠。

①亚硒酸钠:为白色结晶性粉末,亚硒酸钠的含量不得小于97%,氯化物和硝酸盐的含量应在 0.01% 以下。可含有五个结晶水,在空气中稳定,在干燥空气中可失去水分。溶于水,不溶于乙醇。理论含硒量 45.7%。

化学分子式:Na_2SeO_3

相对分子质量:172.94

产品质量标准:饲料级亚硒酸钠的质量指标 HG 2939—1999。

饲料级亚硒酸钠的质量指标如表 3-42。

表 3-42　饲料级亚硒酸钠的技术参考指标 （%）

项　　目	指　　标
亚硒酸钠（Na_2SeO_3）含量以干基计	≥98.0
亚硒酸钠（以 Se 计）含量以干基计	≥ 44.7
干燥减量	≤1.0
溶解试验全溶,清澈透明	
硒酸盐及硫酸盐含量	≤ 0.03

②硒酸钠:白色晶体,易溶于水,有潮解性。

化学分子式:$Na_2SeO_4 \cdot 10H_2O$

相对分子质量:369.09

硒的毒性较大,安全用量和致毒量之间的距离较小,混合不匀即可引起中毒,为确保安全,应在使用时预先将其与稀释剂和载体混合,配成 1% 的预混剂,然后再添加到配合料中。

为了便于微量元素盐的添加,现将各种微量元素盐或氧化物中微量元素的含量列于表 3-43,供参考。

表 3-43　各种微量元素盐或氧化物中微量元素的含量

元　素	化合物	化学式	微量元素含量（%）
铁	七水硫酸亚铁	$FeSO_4 \cdot 7H_2O$	21.0
	一水硫酸亚铁	$FeSO_4 \cdot H_2O$	32.9
	碳酸亚铁	$FeCO_3 \cdot H_2O$	41.7
铜	五水硫酸铜	$CuSO_4 \cdot 5H_2O$	25.5
	一水硫酸铜	$CuSO_4 \cdot H_2O$	35.8
	碳酸铜	$CuCO_3$	51.4
锰	五水硫酸锰	$MnSO_4 \cdot 5H_2O$	22.8
	一水硫酸锰	$MnSO_4 \cdot H_2O$	32.5
	氧化锰	MnO	77.4
	碳酸锰	$MnCO_3$	47.8
锌	七水硫酸锌	$ZnSO_4 \cdot 7H_2O$	22.75
	一水硫酸锌	$ZnSO_4 \cdot H_2O$	36.45
	氧化锌	ZnO	80.3
	碳酸锌	$ZnCO_3$	52.15
	氯化锌	$ZnCl_2$	48.0
硒	亚硒酸钠	Na_2SeO_3	45.6
	硒酸钠	Na_2SeO_4	41.77
碘	碘化钾	KI	76.45
	碘酸钙	$Ca(IO_3)_2$	65.1
钴	七水硫酸钴	$CoSO_4 \cdot 7H_2O$	21.0
	六水氯化钴	$CoCl_2 \cdot 6H_2O$	24.8

　　3. 维生素添加剂　此处只介绍单体维生素添加剂的特性,市售复合维生素添加剂除含单体维生素外,还含有载体、稀释剂或吸附剂,甚至还含有抗氧化剂等,此处不作叙述。

（1）维生素 A 添加剂　维生素 A 添加剂性质极不稳定，包被后制成颗粒，并加入抗氧化剂，可有效防止维生素 A 被氧化破坏。目前市售维生素 A 多为维生素 A 乙酸酯和维生素 A 棕榈酸酯。

尽管维生素 A 经过酯化、包被等处理，其生物活性仍不稳定，在正常情况下，单独存放的维生素预混料，估计每月约损失 $0.5\% \sim 1.0\%$；若与矿物质混合存放每月的损失高达 $2\% \sim 5\%$；温度对维生素 A 的影响也很大，当室温达 $24℃ \sim 38℃$ 时，维生素 A 每月损失约为 $5\% \sim 10\%$。因此，维生素 A 添加剂应存放在密闭、避光、干燥、室温（20℃左右）相对稳定的条件下。

（2）维生素 D 添加剂　市售商品维生素 D 添加剂为维生素 D_3 微粒和维生素 A/D_3 微粒添加剂，其商品中维生素 D_3 通常是用胆钙化醇乙酸酯制成，商品中维生素 D_3 的含量有 50 万单位/克、40 万单位/克、30 万单位/克等三种规格。

酯化后的维生素 D_3，再用明胶、糖和淀粉包被，可显著提高其稳定性，但贮藏温度对其稳定性仍有极大影响。

（3）维生素 E 添加剂　市售维生素 E 为经稳定化处理过的白色或淡黄色粉末，常用的 DL-α 生育酚单体中，有效成分含量为 50%。维生素 E 在不遮光和潮湿环境中易遭破坏，贮存在干燥、避光、室温 25℃ 以下的环境中，可保质 12 个月。

（4）维生素 K 添加剂　作为维生素 K 添加剂使用的是化学合成的水溶性的维生素 K_3 类产品，其活性成分为甲萘醌衍生物，主要有亚硫酸氢钠甲萘醌，其活性成分占 50%，在室温 20℃ 以下可保质 12 个月；亚硫酸氢钠甲萘醌复合物，其活性成分为 25%；亚硫酸嘧啶甲萘醌，其活性成分为 22.5% 等 3 种。

（5）维生素 B_1（硫胺素）　市售维生素 B_1 添加剂有盐酸硫胺素和单硝酸硫胺素两种，有效成分含量一般在 96% 以上。

①盐酸硫胺素:为白色结晶粉末,微臭,易吸潮,约含 5% 的水分。本品在空气中较稳定,未开包的盐酸硫胺素存放于干燥、避光、室温在 25℃ 以下的地方,可保质 12 个月。

②单硝酸硫胺素:为白色或微黄色结晶粉末,本品在空气中稳定,对潮湿比盐酸硫胺素稳定,未开包的单硝酸硫胺素存放于室温 25℃ 以下的地方,可保质 12 个月。

(6)维生素 B_2(核黄素)添加剂　市售商品维生素 B_2 添加剂中核黄素含量有 98%、96%、80% 等三种规格。本品对光稳定,未开包的维生素 B_2 存放于室温 25℃ 以下的地方,可保质 12 个月。

(7)维生素 B_6 添加剂　包括吡哆醇、吡哆醛、吡哆胺三种,其商品形式为盐酸吡哆醇制剂,活性成分含量为 98.5% 以上。本品对空气和热较稳定,易受光与潮湿的破坏,未开包的维生素 B_6 存放于室温 25℃ 以下的地方,可保质 12 个月。

(8)维生素 B_{12}(氰钴维生素)添加剂　鸽、鹑用量很少,市售商品常将维生素 B_{12} 用玉米淀粉或碳酸钙稀释,有分别含维生素 B_{12} 0.1%、1%、2% 三种稀释商品。本品易分解,大约每月损失 1%~2%,在粉状配合饲料中较稳定,与高浓度氯化胆碱混合,或在还原剂及强碱环境下均会加快分解。未开包的维生素 B_{12} 存放于室温 25℃ 以下的地方,可保质 12 个月。

(9)泛酸添加剂　市售商品形式为 D-泛酸钙,活性成分一般为 98%。D-泛酸钙为白色粉末,空气和光稳定,但干的泛酸和在酸性或碱性溶液中不稳定,且易受潮湿破坏。未开包的 D-泛酸钙存放于室温 25℃ 以下的地方,可保质 12 个月。

(10)烟酸添加剂　市售商品有烟酸(尼克酸)和烟酰胺两种形式,烟酰胺经酸或碱处理后可水解成烟酸,二者具有相同的活性。烟酸是所有维生素中最稳定的一种,不易被理化因素破坏,商品添加剂的活性成分含量为 98%~99.5%。

①烟酸：市售商品为白色至微黄色粉末，未开包的烟酸存放于室温 25℃以下的地方，可保质 12 个月。

②烟酰胺：市售商品为白色至微黄色粉末，未开包的烟酰胺存放于室温 25℃以下的地方，可保质 12 个月。

（11）生物素（维生素 H）添加剂　市售生物素商品中含 D-生物素 1% 或 2%，在标签上一般标注 H-1、H-2 或 F1、F2 以示区别。本品对空气较稳定，易被光和高温破坏，在正常情况下贮存每月损失不超过 1%。未开包的生物素存放于室温 25℃以下的地方，可保质 12 个月。

（12）叶酸添加剂　市售商品活性成分含量在 95% 以上。本品对空气稳定，易受光与潮湿的破坏。未开包的叶酸存放于室温 25℃以下的地方，可保质 12 个月。

（13）胆碱添加剂　市售胆碱有液态氯化胆碱（含活性成分 70%）和粉状氯化胆碱（含活性成分 50%）两种，目前用得最多的为后者。粉状氯化胆碱是液态氯化胆碱加吸附剂（如玉米芯粉或脱脂米糠）吸附后，再经粉碎的粉末，产品细度小于 0.5 毫米。产品极易吸潮，碱性较强，对脂溶性维生素有破坏作用，不能与其他维生素长期混合存放。

（14）维生素 C（抗坏血酸）添加剂　常见的市售商品有抗坏血酸钠、抗坏血酸钙以及包被的高稳定性维生素 C。未开包的维生素 C 存放于室温 25℃以下的地方，可保质 6 个月。

（三）非营养性饲料添加剂　非营养性饲料添加剂是指一些不以提供基本营养物质为目的，仅为改善饲料品质、提高饲料利用率，促进生长，驱虫保健而掺入饲料中的微量化合物或药物。

1. 酶制剂　酶是活细胞所产生的具有特殊催化活性的一类蛋白质，将动物、植物和微生物体内产生的各种酶提取出来，制成的产品就是酶制剂。饲料原料中的抗营养因子及难消化的成分较多，如表 3-44 所示。

表 3-44　饲料原料中的抗营养因子及难以消化的成分

饲料原料	抗营养因子及难以消化的成分
小　麦	β-葡聚糖、阿拉伯木聚糖、植酸盐
大　麦	阿拉伯木聚糖、β-葡聚糖、植酸盐
黑　麦	阿拉伯木聚糖、β-葡聚糖、植酸盐
麸　皮	阿拉伯木聚糖、植酸盐
高　粱	单宁
米　糠	木聚糖、纤维素、植酸盐
豆　粕	蛋白酶抑制因子、果胶、果胶类似物、α-半乳糖苷低聚糖及杂多糖
菜籽粕	单宁、芥子酸、硫代葡萄糖苷
羽　毛	角蛋白
早　稻	木聚糖、纤维素
燕　麦	β-葡聚糖、木聚糖、植酸盐

目前，畜牧业应用较多的是蛋白酶、植酸酶、β-葡聚糖酶、α-淀粉酶、纤维素酶、果胶酶、脂肪酶等。在配合饲料中多添加以淀粉酶、蛋白酶为主的复合酶，促进营养物质的消化和吸收，消除营养不良和减少腹泻的发生。

(1)植酸酶　可使植酸中的磷水解释放出来，使其中的磷能被鸽、鹑利用，从而降低无机磷酸盐的外加量，减少粪便中磷的排出，减轻对环境的污染。

(2)蛋白酶、淀粉酶、脂肪酶　蛋白酶的作用是将饲料中蛋白质，在鸽、鹑的消化道分解成寡肽和氨基酸，被鸽、鹑吸收；淀粉酶及相关的蔗糖酶、麦芽糖酶和乳糖酶能将饲料中的淀粉或糖原，在鸽、鹑消化道转化成葡萄糖。脂肪酶则可将饲料中的脂肪，在消化道分解成甘油和脂肪酸，在鸽、鹑肠壁被吸收。

(3)纤维素酶、果胶酶、β-葡聚糖酶、木聚糖酶　纤维素酶和果胶酶能破坏富含纤维素和果胶的植物细胞壁,使细胞壁包裹的淀粉、蛋白质、矿物质释放出来被鸽、鹑消化吸收,还可将纤维素和果胶分解成单糖及挥发性脂肪酸,在鸽、鹑肠道中被吸收。β-葡聚糖酶和木聚糖酶能明显降低谷物饲料中抗营养碳水化合物的黏稠度,提高脂肪和蛋白质的消化利用率,提高日粮的能值和适口性。

2. 活菌制剂(包括微生态制剂、促生素、益生素、生菌剂、微生物制剂等)　微生态制剂是一类可改善动物消化系统微生态环境,有利于动物对饲料营养物质消化吸收,有利抑制动物肠道有害微生物活动与繁殖的、具有活性的有益微生物群落,以饲料添加剂的形式混入饲粮中饲喂畜禽。我国目前常用的有益活菌制剂有:乳酸杆菌制剂、双歧杆菌制剂、枯草杆菌制剂、地衣杆菌制剂、粪链球菌、米曲霉、酵母菌等。

使用活菌制剂时应注意:活菌制剂对消化系统不健全的幼年动物,效果更明显,应尽早使用;正确选择适合的活菌制剂,不同种类的鸽、鹑,不同年龄和生理状态的鸽、鹑都有各自的特点,应根据这些特点和要达到的目的,有针对地选准适用的微生物种类,一经选准即应长期连续使用;不能与抗生素、杀菌药、消毒药和具有抗菌作用的中草药同时使用;使用活菌制剂前应检查制剂中活菌的活力和数量以及保存期;保存的温度过高或生产颗粒配合饲料时的温度较高,都会导致活菌失活;患病的鸽、鹑一般不使用活菌制剂,在鸽、鹑发生应激之前及之后的 2～3 天使用效果较好,如运输、搬迁、更换饲料等。

3. 抑菌促生长剂　包括抗生素、抑菌药物、砷制剂、铜制剂等,其主要作用在于抑制动物机体内有害微生物的繁殖与活动,增强消化道的吸收功能,提高动物对饲料营养物质的利用效率,促进动物生长。

(1)抗生素类 抗生素除用于动物的防病治病外,也可作为动物的生长促进剂。抗生素的使用,一定要按照国家或行业的规定及标准使用。应选择安全性高,且不与人医临床共用,而属动物专用,且吸收和残留少,无"三致"副作用,不产生抗药性的品种。我国目前允许用作饲料添加剂的抗生素,主要有杆菌肽锌、土霉素、硫酸黏杆菌素、恩拉霉素、维吉尼素、泰乐菌素、北里霉素等。使用时应严格控制用量和使用对象,不要长期使用同一抗生素,确定使用期限。

(2)其他抑菌促生长剂 主要有喹乙醇、磺胺类、喹诺酮类、硝基呋喃类、有机砷制剂(如阿散酸、4-羟-3-硝基苯砷酸)和铜制剂等。此类药物的作用和使用,与抗生素类同。

4.驱虫保健剂 主要用来驱除鸽、鹑体内的寄生虫,防治鸽、鹑寄生虫感染,提高饲料利用率,促进鸽、鹑生长。

(1)驱蠕虫类 越霉素 A、左旋咪唑、丙硫咪唑、吡喹酮、阿维菌素、伊维菌素、噻嘧啶等,都是当前使用较多,且有效的驱蠕虫药。

(2)驱球虫类 驱球虫药的种类较多,现今使用较多的有呋喃唑酮、盐霉素、莫能霉素、氨丙啉、马杜拉霉素、地克珠利、氯苯胍等。球虫可产生耐药虫株,且耐药性可遗传,所以在使用抗球虫药时应交叉轮流用药,以保证药物的使用效果。

5.饲料保存剂 为了防止饲料中养分被氧化酸败或霉变,而导致饲料品质下降,可在饲料中添加饲料保存剂。

(1)抗氧化剂 为了防止饲料遭受氧化和酸败,常在配合饲料和添加剂预混料中加入抗氧化剂。常用的抗氧化剂有乙氧基喹啉(山道喹 EMQ)、二丁基羟基甲苯(BHT)、丁基羟基茴香醚(BHA)、没食子酸丙酯以及维生素类抗氧化剂(维生素 E 和维生素 C)。

(2)防霉剂 防霉剂是一类能抑制霉菌繁殖,防止饲料发霉变质的有机化合物。常用的防霉剂有丙酸钠、丙酸钙、双乙酸钠、柠檬酸及柠檬酸钠等。目前多采用几种防霉剂按比例混合的混合物，可提高防霉防腐的效果。

第四章　肉鸽与鹌鹑饲料科学配制方法

第一节　肉鸽与鹌鹑饲料科学配制概况

一、国外饲料科学配制工业发展概况

　　国外进行饲料科学配制生产配合饲料,早在 20 世纪初期即已开始,但当时科学水平较低,对畜牧生产的作用尚不显著。到 50 年代,畜禽营养科学在氨基酸、微量元素和维生素的研究方面已取得突破性进展,畜禽对营养物质的需要已能较准确地定量,对提高饲料转化率发挥了重要作用。例如,1918 年时使用配合饲料饲喂商品代肉仔鸡,其饲料转化率为 3.59 千克,1968 年相应为 1.76 千克,饲粮消耗减少了一半。同时,20 世纪 40 年代抗生素和维生素 B_{12} 的问世,特别是在 1965 年后,人工合成维生素和氨基酸实现了工厂化生产,大幅度降低了饲料添加剂的生产成本,此后饲料添加剂逐步得到了广泛使用,对提高饲料转化率发挥了重要作用,使得配合饲料的生产效能成倍增长。同时,由于集约化畜禽养殖业的发展,反过来又促进了配合饲料工业的向前发展。1966 年,美国的配合饲料工业年产值 44 亿美元,居美国当时 20 个大工业的第十六位。到 20 世纪 60 年代末,产量达 6000 万吨,产值近 60 亿美元。进入 70 年代,又升为美国的 10 大工业之一,长期以来美国在这方面的投资,每年都在 5000 千万美元以上。

　　一些发展中国家,从 20 世纪 50 年代开始已陆续建起自己的配合饲料工业(如南美国家、伊朗、土耳其、菲律宾等),泰国虽然在 70 年代初才建立配合饲料工业体系。但是,到 1981 年产量已达

420万吨,而且出口到东南亚一带。

二、我国饲料科学配制工业发展概况

（一）饲料科学配制工业发展迅速　我国的饲料工业起步比较晚,是在20世纪70年代中后期发展起来的,它在短短20年内完成了从手工作坊式的生产到世界第二大饲料生产大国的飞跃,成为我国重要的支柱产业之一。饲料工业刚刚起步时,生产的饲料不但产量少,而且质量也比较低,有配合饲料,还有很大一部分是混合饲料。在1980年粗略统计,配、混合饲料产量只有100万吨左右。而到2008年,全国饲料产品总产量已达到13667万吨,其中配合饲料10590万吨,浓缩饲料2531万吨,添加剂预混饲料546万吨,饲料工业总产值达到4258亿元。

（二）当前我国饲料科学配制工作中存在的主要问题

1. 生产企业分散,设备利用率低　中国从事配合饲料生产的企业高达12000多家,每个企业平均生产能力仅为7.67万吨/年,每个企业平均实际产量仅为4万吨。

2. 饲料原料供需矛盾尖锐　饲料原料日益短缺,对国际原料市场有很强的依赖性,抑制了饲料工业的发展。饲料原料紧缺将是长期的结构矛盾,

3. 产业链脆弱　配合饲料工业是连接种植业、养殖业、农副产品加工业等产业的极其重要的一个关键链条,与上、下游产业有密切关联。其中,种植业极易受到气候变化和国际行情及国家政策的影响,养殖业又易受到疫情传播及技术壁垒的制约,故整个产业链抗风险的能力较为脆弱。

4. 产品及卫生质量低　当前,配合饲料加工业的利润率逐年下滑,一些企业为了追求利润,不惜降低饲料质量,致使饲料转化率和畜禽成活率下降。更为严重的是滥用违禁药品,且屡禁不止,影响了人们对畜、禽产品消费的信心,从而制约了配合饲料工业的

发展。为了保证饲料卫生品质,我国已制定和颁发了《饲料卫生标准》,对饲料原料及产品中有害物质及微生物允许量作了规定。

(三)饲料科学配制工业的发展趋势

1. 配合饲料需求继续增长 统计资料显示,中国居民对粮食类植物的直接消费呈下降趋势,而间接消费的饲料粮则持续上升。1980—1995 年,人均口粮从 172.2 千克下降到 111.6 千克,下降幅度达 35.2%;而同期人均动物性食品消费量由 32.6 千克上升到 42.6 千克,上升速度达 30.7%以上。这种趋势随着人们对食物结构需求的改变,动物食品的消费量将进一步增长,这意味着饲料需求亦将随之增加。

2. 配合饲料的产业结构将发生变化 目前,中国猪、禽饲料所占比重仍为大头,两项合计高达 92%,而世界饲料产业结构中猪、禽、牛饲料大约各占 1/3。预计随着人们生活水平的提高,对畜产品的需求呈多元化,猪肉消费比例下降,牛、禽以及各种特禽产品的需求比例上升,国内配合饲料的产业结构将向多元化方向发展,猪、鸡饲料的比重随之缩小。

3. 预混料和浓缩料增长是重要趋势 颗粒配合饲料将是中国饲料发展的方向。但由于我国地域辽阔,山区多,一些地区交通条件差,运输不便。且农民手中还掌握大量剩余粮食,其出路在于充作能量饲料发展养殖业,这就要求饲料生产企业为其提供浓缩饲料或添加剂预混饲料,故添加剂预混料和浓缩饲料在 21 世纪将会有更大的市场,其增长幅度将高于配合饲料的增长幅度。

4. 配合饲料生产企业逐步集中 目前世界上约 25%的饲料厂家生产的配合饲料占总量的 80%。美国在 1979 年有 10 000 多家饲料加工企业,1995 年只剩 2 000 多家,但产量却增长了两倍。随着饲料市场竞争的加剧,全国必将出现一批饲料企业集团,饲料生产更加集中,饲料产量增加,但饲料企业数量必将减少,这成为我国饲料工业的一大趋势。

5.配合饲料的营养需要和卫生品质的要求更加严格　今后将主要从饲料卫生标准、饲料添加剂的使用和对环境的污染等方面严格把关。对饲料配方及其产品的评价将重点考虑以下 5 个方面：①饲料营养价值、饲料报酬以及对动物产品风味的影响。②饲料自身的经济效益。③饲料产品是否符合饲料卫生标准要求。④饲料添加剂的使用是否符合国家规定。⑤饲料产品是否对环境造成不良影响。

第二节　肉鸽与鹌鹑饲粮的分类

　　熟悉肉鸽和鹌鹑各种饲粮的分类,有助于广大养殖专业户在市场购买或自制配合饲料时正确选购(用),以便充分发挥鸽、鹑的生产潜力,并可避免因错用配合饲料产生的不应有的损失。

　　第二章已述及饲粮与日粮具有相同的营养功能,饲粮是日粮的另一种表述,日粮是根据鸽、鹑饲养标准和饲料营养成分,生产符合鸽、鹑营养需要的全价配合饲料。饲粮可根据鸽、鹑的不同生理阶段(育雏、育成、繁殖)、不同用途(肉用、蛋用、种用)、不同生产率(产蛋)进行分类。饲粮的种类取决于饲养标准,由于我国尚未制定自己的鸽、鹑饲养标准,制订饲粮配方时均借用他人的饲养标准,这些标准的划分并不一致,从而饲粮的种类也各异。综合各地标准建议采用下述分类。

一、肉用鸽的饲粮

　　(一)童鸽用饲粮　用于饲喂 30 日龄至 2 月龄,开始独立生活,准备留做种鸽的幼龄鸽。

　　(二)青年鸽用饲粮　用于 3～6 月龄的后备种鸽,此时鸽的生长较快,是骨骼发育的重要阶段,消化机能日渐增强,逐渐适应坚硬的籽实饲料。

(三)育雏期种鸽用饲粮　用于哺育期的亲鸽。

(四)非育雏期种鸽用饲粮　用于停止哺育期的亲鸽。

(五)乳鸽肥育用饲粮　不用作种鸽的乳鸽,15 日龄后可逐步使用人工肥育用的饲粮。

(六)乳鸽用人工食糜　为了缩短亲鸽哺育乳鸽的时间,提前进入下一个繁殖期,增加全年产蛋数,采用人工食糜哺育乳鸽。

二、鹌鹑的饲粮

(一)蛋用鹌鹑的饲粮

1. 雏鹌鹑用饲粮　1～21 日龄。

2. 育成鹌鹑用饲粮　4～6 周龄。

3. 产蛋鹌鹑用饲粮　6 周龄后开始产蛋的鹌鹑,根据其生产能力,又分为 3 个档次。即:

①产蛋率 80％以上;

②产蛋率 70％～80％以上;

③产蛋率 70％以下;

(二)肉用鹌鹑的饲粮

1. 肉用雏鹑的饲粮　出壳至 3 周龄内的雏鹑。

2. 肉用肥育鹌鹑的饲粮　3～5 周龄的肥育用鹌鹑。

(三)种鹌鹑用饲粮　6 周龄后的种用鹌鹑。

第三节　设计肉鸽与鹌鹑饲粮配方的基本方法

一、手工计算法

(一)试差法　这种方法是先根据鸽、鹑的饲养标准和以往的饲养经验,初步确定各种饲料原料(包括添加剂)的大致比例,根据该比例计算出所有原料的各种营养成分含量,再将这些成分的含量予以累加,得到配方中各种营养成分的总和,以此总和与饲养标准进行对比,若两者有较明显的差距,可通过增减某种或某几种饲料原料的比例予以调整,并核对调整后的配方与饲养标准间的差距,若差距很小,或不存在差距,即可认定。否则还应继续调整饲料原料的比例,再核算,如此反复操作,直至饲粮配方与饲养标准吻合或基本吻合为止。这种方法操作简单,易于掌握,但反复调整十分繁琐,初学者耗费的时间较多。

试差法是广大养殖户目前使用较多的一种方法。现以种鹌鹑的饲粮配制为例叙述试差法的操作步骤。

1. 查种鹌鹑的饲养标准　成年种鹌鹑营养物质的需要量为,代谢能 12.12 兆焦/千克、粗蛋白质含量 22%、钙 2.5%、磷 0.35%。

2. 选择拟采用的饲料原料　查出所选原料的各种营养成分含量(表 4-1)。

表 4-1　所选原料的各种营养成分

饲　料	干物质 (%)	代谢能 (兆焦/千克)	粗蛋白质 (%)	钙 (%)	磷 (%)
玉　米	86	13.6	8.7	0.02	0.27
麸　皮	87	6.8	15.7	0.11	0.92
米　糠	87	11.1	12.8	0.07	1.43
豆　饼	87	10.54	40.9	0.3	0.49
花生饼	88	11.63	44.7	0.25	0.53
鱼　粉	88	11.46	52.5	5.74	3.12
石　粉	92	0	0	38	0
食　盐	—	0	0	0	0

3. 确定各种饲料配合的比例　以含能量较高的玉米和含蛋

白质高的花生饼为主,所占比例应在 70% 以上。鱼粉价格较高,不超过 8%。还应安排一定比例的添加剂预混料和矿物质饲料。

4. **试配** 首先以满足代谢能和粗蛋白质需要进行试配,将选用的几种能量饲料和蛋白质饲料粗略地确定一个比例,两类饲料合计以不超过饲粮的 96% 为宜,蛋鹑应控制在 94% 左右,其余 4%～6% 用来安排矿物质饲料和添加剂预混料。然后对试配配方进行核算,并与标准对比。若试配后代谢能偏低,粗蛋白质偏高,可提高能量饲料的比例,并降低蛋白质饲料的比例;反之也一样。直至吻合或基本吻合。代谢能和粗蛋白质平衡后,若钙、磷与标准有较大差距,可增加含钙、磷矿物质饲料的比例,适当降低某营养成分较高的原料比例;若磷多钙少,可提高石粉的比例,降低磷酸氢钙的比例;若钙多磷少,则反过来调整,直至结果与饲养标准接近为止(表 4-2)。

表 4-2　调整后的饲粮组成

饲　料	配　比(%)	代谢能(兆焦/千克)	粗蛋白质(%)	钙(%)	磷(%)
玉　米	57	57%×13.6=7.76	57%×8.7=4.96	57%×0.02=0.01	57%×0.27=0.15
麸　皮	1	1%×6.8=0.07	1%×15.7=0.16	1%×0.11=0.001	1%×0.92=0.009
米　糠	1	1%×11.1=0.11	1%×12.8=0.13	1%×0.07=0.0007	1%×1.43=0.014
豆　饼	8.8	8.8%×10.5=0.92	8.8%×40.9=3.6	8.8%×0.3=0.03	8.8%×0.49=0.04
花生饼	20	20%×11.6=2.32	20%×44.7=8.94	20%×0.25=0.05	20%×0.53=0.11
鱼　粉	8	8%×11.5=0.92	8%×52.5=4.2	8%×5.74=0.46	8%×3.12=0.25

续表 4-2

饲　料	配　比 （%）	代谢能 （兆焦/千克）	粗蛋白质 （%）	钙 （%）	磷 （%）
石　　粉	3.7	0	0	3.7%×38＝1.41	0
食　　盐	0.25	0	0		0
添加剂	0.25	—	0		—
总　　计	100	12.1	21.99	1.96	0.57

（二）四方形法　又称方形法、四角法、交叉法。这种方法直观、容易掌握,适合饲料种类和营养指标较少时的配方拟定。如果将该法与试差法配合使用,经过几次调整,可使多项营养指标得到满足。

例如用玉米、麸皮、豆饼、花生饼和矿物质饲料等为童鸽配制一个配合饲料配方。

①查童鸽的饲养标准,得到如下参数:

代谢能 （兆焦/千克）	粗蛋白质 （%）	钙 （%）	总磷 （%）	食盐 （%）	赖氨酸 （%）	胱氨酸 （%）
11.9	16.0	0.9	0.7	0.3	0.60	0.28

②把所有能量饲料按一定比例配合起来,作为第一组;再将所有蛋白质饲料按同样方法配合,作为第二组。计算两组的粗蛋白质含量。其他原料作为第三组。

能量饲料 ⎧ 玉米 80%（含粗蛋白质 8.7%）
⎩ 麸皮 20%（含粗蛋白质 15.7%） ⎫含粗蛋白质 10.1%

蛋白质饲料 ⎧ 大豆饼 70%（含粗蛋白质 40.9%）
⎩ 花生饼 30%（含粗蛋白质 44.7%） ⎫含粗蛋白质 42.04%

其他原料作为第三组在配合饲料中占 3.35%,其中:

食盐　　　　0.35%

磷酸氢钙　　1%

石粉　　　　1%

复合预混料(含多种维生素、微量元素)　1%

③饲养标准要求配合饲料的粗蛋白质达到16%,但是由于第三组饲料几乎不提供粗蛋白质,所以,第一、第二组应提供配方要求的全部粗蛋白质,即:16/(100-3.35)≈16.55%。只有这样,加入第三组饲料后,配方中的粗蛋白质含量才能满足预期要求(16%)。这里应该注意,在最后配方中能量饲料与蛋白质饲料设计应占96.65%。在以下⑤要使用这一数值。

④作对角线交叉图,把混合饲料欲达到的粗蛋白质含量16.55%放在对角线交叉处,第一、第二组饲料的粗蛋白质含量分别放在左上角和左下角;然后以左方上、下角为出发点,各通过中心向对角交叉,以大数减小数,并将得数分别记在右上角和右下角,见下图。

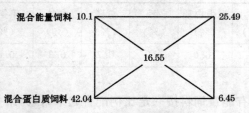

混合能量饲料 10.1　　　　25.49

16.55

混合蛋白质饲料 42.04　　　　6.45

⑤用以上所得到的两个差,分别除以两差之和,经计算得出两组饲料在最后配方中的百分含量:

能量饲料:25.49/(25.49+6.45)=79.8%

能量饲料占最后配方中的百分含量:79.8%×96.65%=77.13%

蛋白质饲料:6.45/(25.49+6.45)=20.19%

蛋白质饲料最后配方中的百分含量:

20.19%×96.65%=19.52%

亦即能量饲料和蛋白质饲料的总和为 96.65%（不是 100%）。

⑥进一步计算各单项能量饲料及蛋白质饲料的用量百分比。

玉米：80%×77.13%=61.70%

麸皮：20%×77.13%=15.43%

豆饼：70%×19.52%=13.66%

花生饼：30%×19.52%=5.86%

⑦列出配方单：

玉米	61.70%	石粉	1%
麸皮	15.43%	复合预混料	1%
豆饼	13.66%	食盐	0.35%
花生饼	5.86%	磷酸氢钙	1%
合计	100%		

按照以上配比计算有关养分的含量，必要时再用试差法进行调整，使各种养分满足要求。

二、计算机配方设计法

手工配方设计很难实现配方优化，不能给出最低成本配方，也很难对原料的取舍进行科学决策。如果采用计算机与专家智能相结合的方法进行配方设计，则可获得一个比较理想的饲粮配方，能全面满足鸽、鹑对各种营养物质的需要，而且成本也最低。采用计算机设计配方需要一定的设备和计算机以及动物营养的知识，设备主要包括一台计算机（PC-486 以上机型，硬盘空间≥40GB，内存≥16MB，采用 WINDOWS 操作系统），一套配方软件（鸽、鹑目前尚无国家级饲养标准，多数软件均缺乏鸽、鹑的饲养标准，故应准备一些参考标准，当做用户标准使用）。下面以上海交通大学自动化系和贵州大学动物科学系协作，由田作华教授和胡迪先教授设计编辑的软件为例，简要介绍计算机配方设计的操作步骤。

（一）主配方优化设计　主配方优化设计是本软件最核心的部分，要设计出一个合理的优化配方，一方面需要有先进的配方优化设计程序，同时也需要掌握一定动物营养学和饲料学的使用人员，二者缺一不可。

第一步，点击"动物选择"按钮。在动物种类下拉菜单中选中"鹌鹑"，在动物名称中会显示与鹌鹑相关的动物名称，然后双击"幼龄及生长期"或选中"幼龄及生长期"再点击"》"符号，待已选择动物名称一栏内出现"幼龄及生长期"后单击确定按钮，弹出一个界面。

第二步，指标选择。点击右上角的"指标选择"，弹出一对话框，在待选指标中选择（经常参与优化的指标）代谢能、粗蛋白质、赖氨酸、蛋氨酸、钙、总磷、食盐、有效磷，点击确定。界面切换为一个新框图，显示选中的各种营养指标，当优化标准为国家标准的情况下是不允许修改的，当选"用户标准"情况下可设置上限与下限。优先级是对此营养指标的加权，强调在配方优化计算过程中哪些指标更加重要，可设定为1-100。

第三步，原料添加。单击原料添加后弹出一个对话框，单击原料种类下拉菜单。

①国际分类的类别有粗饲料、青饲料、青贮料、能量类、蛋白质类、矿物类、添加剂类，根据提示在列表中选取所需要的饲料种类。在能量类中选取玉米（二级）、小麦和植物油脂，在蛋白质类中选取大豆粕（二级）、菜籽饼、鱼粉，在矿物质类中选取石粉、磷酸氢钙、食盐，在添加剂类选取赖氨酸、蛋氨酸，然后点击确定。根据提示确定原料用量的上下限。原料用量的上下限不是任意设置的，必须根据配方设计人员的理论知识和经验，从价格、动物生理特点、原料中含有毒物质的多少，是否引起配方无解等方面进行全面的评估后设置。

②提供实际水分值，饲料原料水分含量的变化与饲料其他成

分含量呈负相关,直接影响配方的原料组成与配方的营养价值。栏中标准水是指本软件数据库表述的该类饲料原料的一般含水量。栏中"实际水分"是指您给定原料含水量的实测值,本例中假定饲料实际水分的含量和标准值相等。

③提供价格。

第四步,点击开始计算。第三步规定的全部设置完成后,即可点击"开始计算",若饲料原料选择较合理,瞬间即可获得计算结果,再点击结果显示框图右侧的"指标分析",即可获得配方各项营养指标与标准的对比,若两者吻合即认可,若有少量差异可通过对话框右侧的"配方微调"进行调整,差异很小可忽略不调。计算所得结果和参数如需存档,那么在文件下拉菜单中点击"另存为……",给此配方一文件名后保存。

(二)添加剂预混料配方设计　本系统可以单独设计添加剂预混料配方,添加剂配方存档以后可以调入同一物种类、同一动物名称的基础料配方中,形成全价料配方和浓缩料配方。

第一步,点击在主程序工具栏"其他"下拉菜单中选择"微量配方",启动添加剂配方子程序,点击工具栏内的新建项出现如下图所示界面"选择配方的动物名称",下面以种鹌鹑为例。

第二步,点击下一步,出现了营养性添加剂的一系列指标,选择通常所需的微量元素指标。

第三步,点击"下一步",选择以上微量元素指标对应的化合物"选择营养性添加剂原料"。

第四步,再点击下一步"选择非营养性添加剂",非营养性添加剂类别很多,包括:抗生素、合成抗菌药、抗球虫药、抗氧化剂、防霉剂、黏结剂、非蛋白氮、诱食剂、酶制剂、着色剂、维生素、活菌制剂,每一类别中又包含很多品种。本例选择三种非营养性添加剂:喹乙醇、中华多维、球痢灵。

第五步,再点击下一步,选择载体(又叫填充料),本例选取矿物质类中的北方石粉。

第六步，再点击下一步，点击保存出现对话框，把添加剂配方保存为"种鹌鹑"，保存后点击完成，有一对话框弹出，问"是否生成文本文档？"其用途为打印或编辑。可点击"确定"。点击"确定"后弹出编辑界面，在其中可以进行打印格式的编排与编辑。

把添加剂配方调入主程序（基础料配方），前提是添加剂配方中的动物种类和动物名称要与主配方的动物种类和动物名称一致，才能顺利调入。

如果主配方要把已经建立好的添加剂配方调入，则直接点击"微量添加"，则弹出一界面。

在以上栏目中点击鼠标右键，可以进行添加剂的查看和删除功能。

（三）期望价格　设定期望价格，只能是满足营养需要和原料用量条件下的期望价格，不是任意的期望价格。应该是在求得多目标线性规划下获得最低成本配方后才设定期望价格。

第一步，获得满足营养需要和原料用量约束条件下，在求得多目标线性规划下的最低成本配方。

第二步，在工具栏"数据调整"下拉菜单"价格设定"上点击。点击后在"价格设定"前会出现√，说明"价格设定"有效。

第三步，在期望价格内输入价格的期望值，后点击"开始计算"。

第四节　合理选用现有饲料配方

一、如何识别饲料配方的优劣

各主要营养成分是否与饲养标准吻合，能否全面满足鸽、鹑的营养需要；使用的原料当地能否购得，是否充分利用了本地饲料原料资源;是否含有有毒有害物质;饲料成本是否为最低成本。根据以上识别标准对各地常用的配方,与表 2-6 肉鸽的参考饲养标准和表 2-14 中国白羽鹌鹑营养需要建议量进行对比分析。

(一)雏鹌鹑(0～3 周龄)

1. **配方一**　玉米 54％,豆饼 25％,鱼粉 15％,糠麸 3.5％,叶粉 1.5％,骨粉 1.0％。添加适量添加剂。

经核算分析,此配方能量和蛋白质基本能满足 1～3 周龄雏鹑的需要,赖氨酸、蛋氨酸和食盐略显不足,可通过补充添加剂满足,钙、磷显著高于标准,钙、磷比例基本符合要求。

2. **配方二**　玉米 62％,豆饼 25％,鱼粉 7％,糠麸 3.5％,叶粉 1％,骨粉 1.5％。添加适量添加剂。

此配方除能量基本能满足 1～3 周龄雏鹑的需要外,蛋白质严重不足,差 3.4 个百分点,主要因蛋白质饲料偏低。钙、有效磷、赖氨酸、蛋氨酸和食盐均不足,且钙、有效磷比例亦不恰当,需作调整。

(二)仔鹌鹑(4～5 周龄)

1. **配方一**　玉米 55％,麸皮 3.9％,豆饼 24％,鱼粉 13％,干草粉 1％,叶粉 1％,骨粉 1.5％,食盐 0.3％,添加剂 0.3％。

此配方除能量基本能满足 4～5 周龄雏鹑的需要外,蛋白质严重超标,多 3.8 个百分点,主要因蛋白质饲料比例偏高。钙、有效磷、赖氨酸均超标,钙、有效磷比例基本恰当,蛋氨酸不足。

2. **配方二**　玉米 53％,豆饼 27％,鱼粉 10％,麸皮 5％,骨粉 1％,多维素 1％,土霉素钙盐 1.5％,微量元素 1％,细沙 0.5％。

此配方对 4～5 周龄雏鹑不适合。能量偏低,蛋白质严重超标,多 3.37 个百分点,主要因蛋白质饲料比例偏高,添加剂一类饲料过多所致。钙、有效磷、赖氨酸均超标,钙、有效磷比例基本恰当,蛋氨酸不足。

3. **配方三**　玉米 64％,豆饼 22％,麸皮 4.15％,鱼粉 6％,菜

籽饼 1.94％,磷酸氢钙 1.1％,碳酸钙 0.5％,蛋氨酸 0.1％,禽用多维 0.01％,微量元素 0.15％,氯化胆碱 0.05％。

此配方对 4～5 周龄雏鹑基本适合,作适当调整后可用。其中能量接近标准,蛋白质偏高 0.53 个百分点。钙超过标准 24.86％,赖氨酸、蛋氨酸、有效磷均不足。

(三)种 鹌 鹑

1. **配方一** 豆粕 15％,次粉 10％,鱼粉 15％,玉米 54％,麸皮 3.5％,骨粉 1.5％,干草粉 1％。另适当添加维生素 A,B 族维生素和维生素 D。

此配方种鹑不甚适合,需局部调整。其中能量、蛋白质都偏低。有效磷、赖氨酸均超标,钙和蛋氨酸不足,且钙、磷比例不恰当,需进行局部调整。

2. **配方二** 玉米 50％,小麦 10％,肉粉 4％,豆饼 25％,鱼粉 4％,苜蓿草粉 3％,碳酸钙 3.5％,食盐 0.5％。

此配方对种鹑不太适合。能量偏低,蛋白质高出 10％以上,钙、有效磷、赖氨酸、蛋氨酸均不足,可降低蛋白质饲料比例,适当增加矿物质饲料和添加剂预混料。

3. **配方三** 玉米 50.5％,豆饼 22％,鱼粉 14％,麸皮 3.5％,叶粉 4.2％,骨粉 2％,石粉 3.8％。

此配方对种鹑基本不适合。代谢能略显不足,蛋白质明显偏高,超过标准 12.5％。钙、赖氨酸、蛋氨酸均不足,有效磷略高于标准。可降低鱼粉给量,适当增加能量饲料和矿物质饲料。

(四)商品蛋鹑(引自杨永正推荐标准,产蛋率 70％～80％)

1. **配方一** 玉米 62.2％,豆粕 7.9％,菜籽粕 4.1％,鱼粉 15％,麸皮 3％,贝壳粉 3.7％,石粉 2％,食盐 0.1％,预混料 1.0％,细沙砾 1.0％。

此配方不适合商品蛋鹑。主要营养成分普遍偏低,尤以蛋白质严重偏低,只有标准量的 81％。能量、钙、磷、赖氨酸、蛋氨酸无一能满足需要。

2. **配方二**　玉米 51%，豆饼 25%，麸皮 2%，鱼粉 13%，葵花籽饼 3%，骨粉 1%，石粉 5%。

此配方基本适合商品蛋鹑，其中能量稍低，蛋白质和赖氨酸略高。蛋氨酸、钙、磷均略低于标准，稍加调整即可获满意效果。

(五)生 长 鸽

1. **配方一**　玉米 20%，小麦 10%，豌豆 30%，稻谷 40%。

此配方基本适合生长鸽的需要。其中能量略低，蛋白质在标准范围内。钙、磷均较低，可由保健砂补充。但粗纤维高出很多，主要因稻谷用量大所致。

2. **配方二**　玉米 25%，高粱 20%，小麦 25%，豌豆 25%，燕麦 5%。

此配方基本适合生长鸽的需要。但能量偏高，蛋白质在标准范围内。钙、磷均较低，可由保健砂补充。但粗纤维稍低于标准。

3. **配方三**　玉米 30%，高粱 23%，小麦 25%，豌豆 22%。

此配方不适合生长鸽的需要。能量超过标准 7.2%，蛋白质接近标准范围的低限。钙、磷均较低，可由保健砂补充。粗纤维也低于标准。

(六)育雏亲鸽

1. **配方一**　玉米 25%，高粱 23%，小麦 22%，豌豆 30%。

此配方不适合育雏亲鸽的需要。能量低于标准，粗纤维在标准范围内，蛋白质显著低于标准，比标准低限约低 16.6%。

2. **配方二**　玉米 40%，高粱 19%，小麦 19%，豌豆 22%。

此配方不适合育雏亲鸽的需要。能量、粗纤维均低于标准，蛋白质明显不足，比标准低限约低 24.3%。

3. **配方三**　玉米 20%，小麦 10%，豌豆 30%，稻谷 40%。

此配方明显不适合育雏亲鸽的需要。能量、蛋白质均低于标准范围，蛋白质比标准低限约低 22.8%。粗纤维大大超过标准。

4. **配方四** 玉米 40％,高粱 10％,小麦 20％,豌豆 30％。

此配方不适合育雏亲鸽的需要。能量、蛋白质均低于标准范围,蛋白质比标准低限约低 17.5％。粗纤维在标准范围内。

(七)休产期亲鸽

1. **配方一** 玉米 36％,高粱 25％,小麦 20％,豌豆 19％。

此配方不适合休产期亲鸽的需要。能量偏高,粗纤维低于标准,蛋白质明显不足,比标准低限约低 10.6％。

2. **配方二** 玉米 20％,高粱 35％,小麦 25％,豌豆 20％。

此配方不适合休产期亲鸽的需要。能量偏低,粗纤维明显高于标准,蛋白质显著不足,比标准低限约低 23.9％。

3. **配方三** 玉米 50％,高粱 10％,小麦 20％,豌豆 20％。

此配方不适合休产期亲鸽的需要。能量偏高,粗纤维低于标准,蛋白质不足,比标准低限约低 9.9％。

火麻仁缺代谢能资料不便与标准比较,含火麻仁的配方均未列入比较。

此处对含火麻仁的日粮配方作一简介(表 4-3),供读者参考。

表 4-3　商品型王鸽各季节不同日粮配合表　(％)

肉鸽类型 饲料原料	春		夏		秋		冬	
	亲鸽	青年鸽	亲鸽	青年鸽	亲鸽	青年鸽	亲鸽	青年鸽
玉　米	38	53	34	44	34	47	32	52
小　麦	13	12	12	15	17	15	17	14
高　粱	13	18	15	17	13	16	15	12
豌　豆	30	15	28	18	27	16	30	20
绿　豆	0	0	6	3	4	3	0	0
火麻仁	6	2	5	3	5	3	6	2

摘自陈益填编著.《肉鸽养殖新技术》90 页

二、合理应用现有优良饲粮配方

(一)不变换配方中的饲料种类

1. **0～3 周龄雏鹑的配方一**　作适当调整后，能量、蛋白质完全满足要求。赖氨酸、蛋氨酸稍显不足，但添加剂预混料中的相关含量未统计。钙、有效磷供应偏多，但两者比例在允许范围内。

调整后的配方：玉米 51.45%，豆饼 25%，鱼粉 15.28%，糠麸 7.57%，叶粉 0.5%，骨粉 0.2%。添加适量添加剂。此配方用于生产颗粒饲料较宜。

2. **4～5 周龄仔鹑的配方三**　作适当调整后，能量、蛋白质和钙完全能满足要求。赖氨酸、蛋氨酸、有效磷稍显不足，但添加剂预混料中的相关含量未统计。

调整后的配方：玉米 61.85%，豆饼 15.02%，麸皮 8.0%，鱼粉 6.02%，菜籽饼 8.0%，磷酸氢钙 0.71%，碳酸钙 0.2%，添加剂预混料 0.2%。

3. **种鹌鹑的配方一**　作适当调整即能充分满足种鹑对能量、蛋白质的要求，其他成分都偏低，可额外添加一些添加剂预混料，并于 16 时在饲槽中单独补喂 1 次碎裂石灰石小颗粒，即可全面满足需要。

调整后的配方：豆粕 5.0%，次粉 1.0%，鱼粉 19.91%，玉米 61.98%，麸皮 3.11%，骨粉 3.0%，干草粉 6.0%，适当补给添加剂预混料和小颗粒石灰石。

4. **商品蛋鹑的配方二**　作适当调整即能充分满足商品蛋鹑对能量、蛋白质、钙、磷的要求，赖氨酸偏高。蛋氨酸略低于标准，可忽略不计。

调整后的商品蛋鹑配方二：玉米 58.68%，豆饼 11.87%，麸皮 0.4%，鱼粉 23.36%，葵花籽饼 1.39%，骨粉 0.2%，石粉 4.1%。

5. **生长鸽的配方一**　基本适合生长鸽的需要，但能量仍偏高,蛋白质、粗纤维在标准范围内。钙、磷均较低,可由保健砂补充。要使其更符合标准要求,必须调整饲料种类。

调整后的生长鸽配方一:玉米 0.2%,小麦 70.16%,豌豆 12.7%,稻谷 16.94%。

6. 育雏亲鸽的配方一 基本适合育雏亲鸽的需要,能量低于标准,蛋白质在标准范围内,粗纤维超过标准。要使其更符合标准要求,必须调整饲料种类。

调整后的育雏亲鸽配方一:玉米 0.5%,高粱 0.2%,小麦 64.46%,豌豆 34.84%。

7. 休产期亲鸽的配方一 适合休产期亲鸽的需要,能量、蛋白质、粗纤维均在标准范围内。钙、磷较低,可由保健砂补充。

调整后的休产期亲鸽配方一:玉米 33.5%,高粱 4.15%,小麦 28.51%,豌豆 33.84%。

(二)变换配方中个别饲料种类

1. 0～3 周龄雏鹑的配方二 糠麸换为蚕蛹,能量、蛋白质、钙、有效磷均能满足 0～3 周龄雏鹑的需要。赖氨酸、蛋氨酸可通过添加剂预混料补充。

调整后的配方二:玉米 55.4%,豆饼 29.5%,鱼粉 11.0%,蚕蛹 0.2%,叶粉 3.5%,骨粉 0.4%。添加适量添加剂。

2. 4～5 周龄仔鹑的配方二 增加蚕蛹,去掉微量添加剂,增加赖氨酸、蛋氨酸。能量、蛋白质、钙、赖氨酸、蛋氨酸均能满足 4～5 周龄雏鹑的需要。有效磷略微不足。

调整后的配方二:玉米 62.1%,豆饼 24.2%,鱼粉 3.4%,麸皮 8.0%,蚕蛹 0.2%,骨粉 1.9%,赖氨酸 0.04%,蛋氨酸 0.16%。

3. 种鹌鹑的配方一 增加蚕蛹,去掉次粉、干草粉及微量添加剂。能量、蛋白质、赖氨酸、蛋氨酸均能满足种鹌鹑的需要。钙和有效磷略显不足。

调整后的配方一:玉米 60.3%,豆粕 13.1%,蚕蛹 8.5%,鱼粉 8%，麸皮 1.0%，骨粉 9.0%，蛋氨酸 0.1%。

4. 商品蛋鹑的配方一　增加蚕蛹，去掉菜籽粕及微量添加剂。能量、蛋白质、赖氨酸、蛋氨酸、钙和有效磷均能满足种鹌鹑的需要。

调整后的配方一：玉米 54.9%，豆粕 0.2%，蚕蛹 9.09%，鱼粉 22.4%，麸皮 8%，贝壳粉 4.4%，石粉 1.0%，蛋氨酸 0.01%。

5. 生长鸽的配方二　增加大麦和蚕豆，去掉高粱、燕麦和豌豆。能量、蛋白质均能满足生长鸽的需要，粗纤维含量低于标准。

调整后的配方二：玉米 29.4%，大麦 50.1%，小麦 2%，蚕豆 18.5%。

6. 育雏亲鸽的配方一　增加碎米和豆粕，去掉高粱。能量、蛋白质、粗纤维均能满足育雏亲鸽的需要。

调整后的配方一：玉米 16.6%，碎米 46.6%，小麦 0.2%，豆粕 9.7%，豌豆 26.9%。

7. 休产期亲鸽的配方二　增加豆粕，去掉高粱。能量比标准略高，蛋白质和粗纤维均能满足休产期亲鸽的需要。

调整后的配方二：玉米 40.1%，小麦 25.8%，豆粕 0.5%，豌豆 33.6%。

以上配方用于生产颗粒饲料，其饲喂效果较粉料好。

三、鸽保健砂的配制

保健砂是肉鸽的特有补充饲料，它由多种矿物质、氨基酸、维生素以及红土、砂粒、木炭末等组成，主要功能是补充养分，特别是补充微量营养物质的不足，并具有刺激和增强肌胃收缩，有利消化吸收、解毒，促进肉鸽机体生长发育与繁殖等功能，并有驱虫杀菌、防病保健的功能。

（一）配制保健砂的常用原料及其作用　蚝壳片、骨粉、蛋壳粉、石灰石、石膏、砂粒、红土、食盐、石米、木炭末、氧化铁等，其作用已在第一章中叙述。

(二)配制保健砂的常用添加剂及其作用

1. 生长素 它的成分主要是补充鸽子生长发育需要的常量元素和微量元素及其他营养素。其用量占 0.5%～1%。

2. 微量元素 主要指锰、铜、铁、锌、钴、碘、硒等,它们是肉鸽正常生理活动和新陈代谢所必需。

3. 多种维生素 含有维生素 A、维生素 D、维生素 E、维生素 K、维生素 C 及 B 族维生素。前面已述及,这类物质是肉鸽维持正常新陈代谢和生命活动所必需。

4. 氨基酸 主要是提供一些必需氨基酸以维持各种氨基酸的平衡,提高饲料的利用率。常用的有赖氨酸和蛋氨酸。

5. 红糖 指甘蔗经榨汁,通过简易处理,经浓缩形成的带蜜糖。除了具备糖的功能外,还含有维生素和微量元素。其主要营养功能是为肉鸽提供热能,这对冬季提高乳鸽御寒能力,防止冻伤和冻死十分有效。若没有红糖,也可用白砂糖或葡萄糖代替,用量一般为 2%～3%。红糖易吸潮应现喂现添加,添加后保存时间不超过一天为好。

(三)配制保健砂的常用药物添加剂及其作用 在保健砂中常用药物作添加剂,其作用大致如下。

1. 促进鸽子生长发育 用抗菌药物作为添加剂能抑制鸽体内病原微生物的繁殖,减少这些病原微生物对机体的危害,从而促进机体的正常生长,缩短生长周期;能提高机体内有益菌群的生长,从而促进鸽体内必须营养物质的合成;还能促进消化道营养物质的吸收,从而提高饲料的利用率。在保健砂中常作为药物添加剂的有:土霉素、四环素、金霉素、强力霉素、红霉素、青霉素、磺胺二甲嘧啶及抗菌增效剂等和非抗菌药物如喹乙醇、激素类、酶制剂等。

2. 预防和控制鸽疾病 随着肉鸽饲养数量的增大,鸽病也随之增加,若由病原微生物和寄生虫引起的疾病,可选用抗生素、磺胺类药、呋喃类药及抗寄生虫药物等进行治疗,在保健砂中投药是预防和治疗鸽病的途径之一,尤其是对于服药时间较长,治疗面较普遍的疾病如副伤寒病、衣原体病、慢性呼吸道病、球虫病、蛔虫病等在保健砂中投药是一种方便、有效的方法。

3. 保健砂的防霉和抗氧化作用　有些鸽场在配制保健砂数量大、时间长,以及在贮藏、使用过程中,因受到潮湿、高温等因素作用,特别是使用时,由于时间较长,细菌的作用而易发霉变质。使保健砂中的许多营养成分受到破坏,甚至产生有毒物质。若鸽子吃了这种发霉变质的保健砂,不仅不能保健,反而会致病。因此,在保健砂中可适当添加防霉及抗菌添加剂。

4. 中草药添加剂的作用　在保健砂中加入某些中草药粉,更利于鸽子保健防病。如穿心莲粉(又名一见喜)有消炎、清热和解毒的功能;龙胆草粉有清热、泻肝、定惊功效,能消除炎症和增进食欲;甘草粉具有清热、解毒、抗炎和抗变态反应的功能,可助消化和增强机体活力。另外如鱼腥草、麦芽、神曲、马钱子、槟榔子、芥子、茴香油、凤尾草等中草药,都有抗菌、助消化和开胃的作用,可按不同季节、不同情况选用。另据报道,用淫羊藿、巴戟天、女贞子、益母草、党参、熟地、红枣等中草药制成小颗粒药丸,用于喂种鸽可改善其繁殖机能。

5. 药物作保健砂的添加剂应注意以下事项

(1)**药物的选择**　药物的毒性较低,不在鸽体内长期积蓄,长期应用对鸽体无不良影响,产品符合食品卫生标准和对公共卫生不造成危害,易与其他成分混匀,不易吸潮,性质稳定。选用药物添加剂要目的明确,富有针对性,不能随意应用。不能选用国家禁用的抗生素作保健砂的添加剂。

(2)**药物的剂量**　应根据使用目的来确定剂量。一般用于防止应激而使用的剂量应小于预防疾病而添加的剂量,而预防疾病的剂量则应小于治疗疾病的剂量。可根据实际情况确定使用剂量。

(3)**药物的应用时间** 乳鸽生存期较短，尽量不使用残留期较长的药物，一般宜在上市前两周停用，以免对人体造成不良影响。同时注意抗生素药物的交替使用，防止病原菌对药物产生耐药性。

(四)配制保健砂应注意的问题 配制保健砂首先要选定保健砂配方，然后按照配方中的百分比分别称取各种原料，将原料充分混匀即可。在配制保健砂过程中应注意以下 5 个问题。

1. 测定需要量 产鸽在整个育雏期对保健砂的采食量不同，因此要测定肉鸽采食保健砂的数量，这样才能较为准确地给予各种营养素，可避免不足或浪费。需要量的测定可随机选择 20 对健康无病，生长正常的肉鸽（包括育雏鸽和非育雏鸽），测定其采食量，连测 8 天，取平均值作为每对每天的采食量。假定测得每对鸽平均日采食量为 6.5 克，则可据此计算出鸽群各种添加剂及药物的需要量。例如，每对鸽每天需要维生素 A 400 单位，以每对鸽每天采食 6.5 克保健砂计算，则应在 6.5 克保健砂中含有维生素 A 400 单位，配 1 千克保健砂就需要供给维生素 A 6.15 万单位。按照饲料与保健砂的比例 1∶20 计算，可在 1 千克保健砂中加多种维生素 10 克。如此，可以推算出各种添加剂加入保健砂的量。每对生产鸽每天吃保健砂 5～9 克，年需要量约 3 千克。

2. 正确选择原料 首先检查选用的各种原料是否纯净，有无杂质和发霉变质，要求原料纯净新鲜，无污染，不含杂质和发霉变质物。

3. 要充分混匀 在配料混合时应由少到多，逐步稀释，多次搅拌。对用量较少的原料如生长素、微量元素、维生素等，应先取少量保健砂一起搅拌混合均匀，再混进全部的保健砂中。

4. 保健砂要现配现用 配制的保健砂使用时间不能太长，保证新鲜，否则易潮解变质，并防止各种原料配合在一起后被氧化分解,影响饲养效果。一般先将主要配料如贝壳粉、骨粉、沙粒、红土配好,其量可供鸽群采食3～5天,再把少量易遭氧化、潮解的原料在每天投喂保健砂前混匀。只有这样,保健砂的质量和作用才有所保证。

5.妥善保存保健砂　配制好的保健砂,保存时间以3～5天为宜,一般要盛放在塑料容器内保存,不要放在铁质、木质容器内,并要加盖密封。

(五)保健砂的需要量　保健砂的需要量,随肉鸽的不同生理阶段和不同生产状况而有所不同,一般产鸽自产蛋、孵化到喂仔,所需的保健砂量逐渐增加,而且随着乳鸽的长大需要量也逐步加大。据介绍,以中型产鸽为例,在产蛋、孵化期,每日每对产鸽需采食保健砂3.5～4.1克;在乳鸽临近出壳的前3天,产鸽对保健砂的采食量明显增加,达到4～4.8克/对;乳鸽出壳后1周内,产鸽对保健砂的采食量平均达到7.5克/对,2周龄时增加到9.6克/对,随后逐渐增加,3和4周龄分别为13克/对和13.2克/对。产鸽带仔时的保健砂的采食量最多可达18.1克/对。上述数据显示,肉鸽带仔期采食保健砂最多,这与需将部分保健砂通过喂料转喂给乳鸽,以保证乳鸽的消化、吸收及营养需要有关。以上数据可供养鸽者参考,更重要的是应细心观察,积累经验,及时调整需要量和供给量,使其更符合养殖对象的需要。掌握肉鸽对保健砂的采食量,可据此确定其他添加剂在保健砂中的配制比例。

(六)保健砂的使用　正确掌握保健砂的使用方法是非常必要的,若用法不当,保健砂的作用就不能发挥,从而影响到肉鸽的生产力。

1.保健砂应单独投喂　保健砂不能与饲料混在一起投喂,可在当天上午喂料后,再投放保健砂。若与饲料混喂,则效果很差。

2.保健砂定时定量供给　许多鸽场供给保健砂的时间为下午3～4时,定时定量有利于促进鸽子食欲的条件反射。每天应彻底清理一次剩余的保健砂,换给新配的保健砂,这样可保证质量,防止保健砂的污染变质、陈旧。如果较长时期不清理残留的保健砂,则会发现鸽子只是象征性地啄几下就不吃了,食欲显著下降。这是因陈旧保健砂味道不佳所致,陈旧保健砂甚至会引发腹泻或肠胃炎。有的鸽场经常出现鸽蛋受精率较低以及毛滴虫病反复发作等异常情况,这同保健砂不及时清理有一定的关系。

3. 投喂量 计算公式如下。

保健砂的一次投喂量=日采食量(5~9克/对)×添加间隔天数(2~3天)×鸽场种鸽对数

投喂量可根据情况适当调整,育雏期亲鸽可多喂些,非育雏期则可少给些。

4. 及时调整保健砂配方 保健砂的配方不是一成不变的,但也不宜频繁变动,在保持相对稳定的前提下,宜根据鸽子的生理状态、机体需要及季节变化等情况及时调整配方,才能充分发挥其作用,满足生产实际的需要。例如,在潮湿季节对球虫病的感染可增加木炭末的比例或加入抗球虫剂;育雏期的生产鸽可增加硫磺的成分,有利雏鸽羽毛生长,预防呼吸道疾病。

5. 设置保健砂槽 对于留种种鸽(童鸽、青年鸽),可设置保健砂槽用于饲喂保健砂,每天采食完后(2~3小时),应将砂槽反转,底朝天放置或取走,不让鸽子站在槽上排泄粪便污染保健砂。

(七)保健砂的配方 下面介绍的保健砂配方,大多是保健砂的基本成分,各个鸽场可根据鸽的生长发育需求适当补充其他添加剂,如矿物质、多种维生素、防病驱虫等药物,并按自己具体情况和经验总结配好保健砂,使保健砂的作用更趋完善。以下推荐某些鸽场的保健砂配方供读者使用参考。

国内鸽场常用保健砂配方:

配方一 贝壳片35%,石末35.5%,骨粉15%,木炭末5%,食盐5%,生长素2%,氧化铁1%,龙胆草0.7%,穿心莲0.5%,甘草 0.3%。

配方二 蚝壳片 25%,骨粉 8%,陈石灰 5.5%,中粗砂 35%,红泥 15%,木炭末 5%,食盐 4%,红铁氧 1.5%,龙胆草 0.5%,穿心莲 0.3%,甘草 0.2%。(以上为广东省家禽科学研究所配方)

配方三 蚝壳片 20%,陈石灰 6%,骨粉 5%,黄泥 20%,中砂 40%,木炭末 4.5%,食盐 4%,龙胆草粉 0.3%,甘草粉 0.2%。

配方四 蚝壳片 15%,陈石灰 5%,陈石膏 5%,骨粉 10%,红泥 20%,粗砂 35%,木炭末 5%,食盐 4%,生长素 1%。

配方五 中砂 35%,黄泥 10%,蚝壳片 25%,陈石膏 5%,陈石灰 5%,木炭末 5%,骨粉 10%,食盐 4%,红铁氧 1%。

配方六 石米 35%,蚝壳片 30%,骨粉 8%,红泥 10%,陈石灰 5%,木炭粉 6%,食盐 4%,龙胆草粉 0.6%,甘草粉 0.4%,红铁氧 1%。

配方七 蚝壳粉 25%,黄泥 35%,石灰石 19.3%,砂 17%,食盐 2%,木炭末 1%,红铁氧 0.5%,龙胆草末 0.1%,甘草粉 0.1%。(广州市信鸽协会配方)

※配方三至七引自陈益填编著《肉鸽养殖新技术》2002 年

配方八 红泥土 30%,河沙 25%,贝壳粉 15%,旧石膏 5%,旧石灰 5%,木炭末 5%,骨粉 10%,食盐 5%。

配方九 河沙 60%,贝壳粉 31%,旧石膏 1%,木炭末 1.5%,骨粉 1.4%,食盐 3.3%,明矾 0.5%,龙丹草 0.5%,二氧化铁 0.3%,甘草末 0.5%。

配方十 骨粉 16%,贝壳粉 35%,石膏 3%,中砂 40%,木炭末 2%,明矾 1%,龙丹草 1%,二氧化铁 1%,甘草末 1%。

配方十一 中粗砂 25%,黄泥 12%,贝壳粉 35%,旧石灰 8%,骨粉 10%,木炭末 4.5%,食盐 4%,龙胆草 0.5%,二氧化铁 0.5%,甘草末 0.5%。

※配方八至十一引自陆应林等编著《肉鸽养殖》2004 年

配方十二　黄泥 20％,河沙 32％,贝壳粉 30％,旧石灰 2％,砖末 2％,木炭末 3.5％,食盐 4％,生长素 2％,龙胆草 0.7％,二氧化铁 0.2％,维生素 0.2％,甘草粉 0.8％,赖氨酸 1.5％,大麦粉 0.6％,余银岩 0.5％。(广西某鸽场)

配方十三　黄泥 35％,河沙 25％,贝壳粉 15％,陈石灰 5％,木炭末 5％,骨粉 5％,蛋壳粉 5％,食盐 5％。(江西一些鸽场)

配方十四　黄泥 35％,贝壳粉 40％,石灰石 5％,木炭末 10％,骨粉 5％,食盐 5％。(台湾鸽场)

配方十五　细沙 60％,蚝壳粉 31％,食盐 3.3％,氧化铁 0.3％,骨粉 1.4％,甘草粉 0.5％,明矾 0.5％,龙胆草 0.5％,木炭末 1.5％,石膏粉 1％。(香港九龙一些鸽场)

国外一些常用保健砂配方:

配方十六　蚝壳粉 40％,粗砂 35％,木炭末 6％,骨粉 8％,石灰石 6％,食盐 4％,红土 1％。(美国农业部介绍配方)

配方十七　红土 40％,贝壳粉 20％,陈石膏 6％,砖末 30％,食盐 4％。(日本驹原邦一郎)

配方十八　牡蛎或珊瑚、海贝壳 75％,河沙 20％,食盐 5％。(法国迪法克公司)

第五节　饲料配制生产工艺及设备

一、饲料配制机械

饲料加工设备种类繁多,现针对鸽、鹑养殖场(户)常用的主要饲料加工设备作一介绍。

(一)饲料粉碎机及除杂设备　生产配合饲料,首先面临的就是如何将体积大小不一的各种饲料,充分混合均匀,将其粉碎成体积大小相对一致。可见,粉碎机是生产配合饲料的必备设备。

1. **常用粉碎机简介**　常用的粉碎机按其结构可分为锤片式、辊式和爪式 3 种。其中锤片式粉碎机由于其通用性好、适应性广、效率较高，具有粉碎和筛分两种功能。锤片式粉碎机按饲料喂入方向又可分为切向喂入、轴向喂入和径向喂入粉碎机 3 类，其中切向喂入应用较广泛。现将饲料加工中应用较广泛的切向喂入锤片式粉碎机的使用与维护作一介绍。

2. **安　装**

（1）机组安装　机组有移动式和固定式 2 种，安装方法基本相同，前者将粉碎机和电动机固定在同一木框架上，后者则用地脚螺栓将机组固定在混凝土基础上。基础面积应比机器底座每边宽出 100～150 毫米，基础顶部应高出地面 100～150 毫米，基础质量（俗称重量）应是机器质量的 1.5～2.5 倍。

（2）三角皮带的安装　安装三角皮带轮时，粉碎机主轴和电机轴的轴心必须平行，轮槽中心必须对正，以免三角皮带偏离造成磨损或脱出轮槽。三角皮带的张紧度要恰当，过紧可加速胶带的磨损，减少使用寿命；过松产生打滑使粉碎机无法正常工作。

（3）电器仪表设备的安装　电压表、电流表、闸盒、启动器等均应安装在机器附近易于观察和操作的地方，当粉碎机发生故障时，能迅速切断电源。

3. **使用与操作**

（1）开机前检查　开机前应先检查电器设备有无漏电；机组各部位的螺栓，特别是转子部件上的固定螺栓是否牢固，开口销是否齐全完整；锤片、筛片等易损件有无损坏或严重磨损，必要时进行更换；清除粉碎室内的异物；定期注入润滑油；关闭机盖启动机器前，再用手拖动皮带，观察主轴是否转动灵活，粉碎室内有无异声；新机组应空运转 30 分钟，观察轴承温度（升温不超过 40℃）、机器杂音、转子转向，一切无异常后即可投入正常运行；长期使用的机组每次生产前，也应空运转 1～2 分钟，达到额定转速后，一切运转正常,即可开始投料。

(2)停机　不能在负荷运转时停机,停机前应先停止投料,让粉碎机继续运转 2～3 分钟,待粉碎仓内的物料排出后再停机,以利下次启动。

(3)操作中注意事项　切向喂入粉碎机转子旋转方向应与进料方向相同;应分别在进料口和料仓下部或在进料斗底部安装磁选设备;严格控制饲料原料的含水率,使其不超过 14％;投料速度要均匀,使电机能在接近额定功率情况下工作,以发挥最大工作效率;注意安全,操作人员应穿戴紧袖工作服和工作帽,站立在机器侧面,不要正对进料口,不得将手靠近喂入口或伸入进料口;进料口如出现堵塞,可用木棍拨动帮助进料,严禁使用铁棍;严禁在机器运转时打开机盖检查、调整机器零部件。粉碎机发生故障需要检修时,应停机并关闭电源。

(4)除杂设备　饲料原料往往混有一些杂物,如金属、破麻袋、石头等,这些杂物如不事先清除,可造成加工设备堵塞或损坏。因此,应配备清除这些杂物的粒料初清筛、粉料清理筛及磁选设备(永磁筒等),对原料在进入加工机组前,进行除杂预处理。一些机组自身也附带有磁选器,如果没有磁选器,一定要配置一些简易设备(如人工大眼筛、笼式磁选器等)来清除这些杂物。

(二)配料秤　配料是配合饲料生产过程中的关键环节,配料不准确将会降低配合饲料的质量,甚至造成中毒事故。配料准确与否,配料秤的性能是关键,常用的配料秤包括磅秤、天平、机械自动秤、电子盘秤、微机控制的电子秤等。

小型饲料加工厂的大宗原料多采用磅秤或机械自动秤,微量原料则用天平进行人工计量。大、中型饲料厂多采用微机控制的电子配料秤,采用电子配料秤可以实现连续称重、自动取料、定值控制,这对保证产品质量,提高劳动生产率,减轻劳动强度,降低生产成本,提高管理水平有着重要意义。

(三)混合机　混合机是确保各种饲料原料充分混合均匀的重要设备,配合饲料的均匀度,直接关系着鸽、鹑的生产和健康。当前,配合饲料厂常用的混合机有螺旋立式混合机、螺带卧式混合机、双轴桨叶式混合机和锥形螺旋(带)混合机等。现将饲料厂用得最广泛的螺带卧式混合机简介如下。

1. 螺带卧式混合机的主要性能　螺带卧式机由机壳,转子,进、出料口及传动装置组成。该机的转子线速度一般为 0.9～1.2米/秒,必须用减速器减速。混合机的效率较高,混合时间较短,混合质量较好,卸料迅速,残留量少,每批饲料的混合时间 3～5 分钟,加上进料和卸料时间,混合一批饲料需时 5～6 分钟,1 小时可混合 10 批配合饲料。该机不足之处是配套动力较大,须配备减速器,因而造价较高,其混合性能不及正在发展的双轴桨叶式混合机。

2. 使用与操作

(1)开机前检查　开机前应空车试运转,检查机体运转是否平稳,有无不正常震动,并观察出料机构工作是否正常。

(2)操作中注意事项　严格按操作工序操作,先启动减速电动机,待转子运转正常后再进料,不要先加料再启动,否则启动困难,甚至烧坏电机。加料应遵循粒度大的物料先加,粒度小的物料后加;配比量大的先加,配比量小的后加的顺序。微量添加剂应先预混合,并以预混料形式加入,加入时机是在主料加入一半后;油脂应在主料全部加入后,在混合机继续运转下,通过空气压缩机喷入。混合均匀的饲料防止二次分离。混合好的饲料最好直接打包或散装运走,尽量减少混合后饲料的多次分装运送。最好不用气力输送,以免配合饲料在输送中发生二次分离,降低配合饲料的均匀度。混合机一次添加量要适当,一般以充满系数来衡量。充满系数指机内实际加入物料的容积与混合机容积之比。充添过多过少都不利。螺带卧式混合机的充满系数为 0.6～0.8。

正确掌握混合时间。混合时间可通过变异系数检测来确定。混合时间过短,达不到混匀的要求;混合时间过长可能在机内发生重新分离,同样造成混合不均匀。因此,必须按规定混合时间操作。

(3)维护保养　经常清除出料机构的积尘,保持运转灵活;定期为轴承更换润滑脂,视工作负荷而定,一般3～6个月更换1次;传动链条应刷上适量机械油,定期清洗链条。

(4)常见故障排除　运转时机身震动过大,可能与安装不牢有关,可重新安装;轴承磨损也可能造成机身震动过大,可更换轴承;运转时突然停机,再启动前应先排掉仓内的物料;出现卸料门漏料,应检查卸料门与机壳间密封件的接触情况,若漏料系卸料门关闭不严或密封条老化引起,可调节行程开关(或托臂上的节螺母)或更换密封条;出料机构不能正常运作,应检查气缸及供气系统或电气电路有无故障。

(四)颗粒制粒机

1. 颗粒制粒机的种类　根据颗粒饲料的种类,颗粒制粒机有硬颗粒制粒机和软颗粒制粒机两种,鸽、鹑采用硬颗粒饲料。硬颗粒制粒机根据颗粒机的结构,可分为环模与平模两种,前者采用环形压模和圆柱形压辊,后者则用水平圆盘形压模和与之相匹配的压辊。除压模和压辊外,制粒机还包括料斗、螺旋供料器、搅拌调质器、压粒器及电动机、减速传动装置等。

2. 使用与操作

(1)调质　颗粒饲料制粒前通入蒸汽和添加液料(如油脂或糖蜜),使饲料与蒸汽、液料混合,并进行湿热交换的过程即为调质。其目的在于促使淀粉糊化,提高饲料消化率;增加饲料的流动性和黏结性,以利成型;润滑饲料,减少模、辊的磨损,节省电耗。为了满足调质的要求,锅炉的工作压力应维持在0.6～0.8兆帕,输送到制粒机前的蒸汽压力应调到0.21～0.40兆帕,并保持蒸汽压力稳定,防止出现冷凝现象。一般鸽、鹑用配合饲料调质蒸汽添加量是饲料量的 3%～6%。

(2)投产前的试运转　应首先进行试运转的光洁处理,对压模模孔清理杂质、疏通模孔、调节模辊间隙、涂抹润滑油和用带有磨料的物料对模孔进行抛光处理,处理好后即可正常使用。

(3)正确调整和维修模辊　模辊间隙应控制在 0.1～0.3 毫米。间隙过大,挤压力小,降低产量。新压模间隙宜小,增强挤压力,但间隙太小会增加模辊的磨损。模辊磨损后应及时更换,最好是模辊同时更换。为防止金属杂物进入压粒器,应设置磁选器,及时清除金属杂物,保护模辊不受损坏。

(4)正确控制制粒机的负荷　先开机空运转几分钟后,投入少量饲料,随后逐渐增加投入量。添加蒸汽应与投料同步进行。随着饲料投入量的增加,压模和颗粒料的温度均随之升高,当料温达到 80℃时,则视为投入量适当,生产效率最佳。欲控制制粒机的负荷,首先要控制流量。因此,在生产现场安装精密电流表,以电流大小作为检测制粒机负荷的依据,若能采用自动控制装置效果更佳。

(5)停机　停机前先关闭料仓料门,再关闭蒸汽阀门和投料电机,待制粒室的物料排空后,用手工给制粒室添加油性物料,使其填满模孔后再关机,以利于下次制粒。

3. 保养　夏季和冬季分别用 40 号和 30 号机油注入主传动箱和减速箱。制粒机运转 500 小时后应更换机油,以后每半年换机油 1 次,并按制粒机保养要求定时对各相关部件注入黄油。

(五)颗粒破碎机　为了幼龄鸽、鹑对颗粒饲料的需要,常将冷却后的较大颗粒破碎成小碎粒。生产破碎料比直接生产小颗粒饲料单位工时的产量高,耗能少,易成型,产生细粉少。据介绍,生产破碎粒料比直接生产小颗粒饲料,生产率提高 14% 左右,能耗降低 20%～40%。

颗粒破碎机主要由活门控制装置、慢辊、快辊、轧距调节机构和传动部分组成。

破碎效果主要由调节破碎机轧距来实现。轧距过大,破碎不完全,不合格的大颗粒增多;轧距过小,粉末增加,且功耗增大。用轧距调节机的螺杆调节轧距,调节螺杆分别装在壳体的两侧,它们可以单独进行调节,使两轧距平行,轧距均匀。根据颗粒破碎粒度要求调节轧距,一般轧距为颗粒直径的2/3。

(六)饲料加工机组

1. **概述** 饲料加工机组按其生产用途,可分为配合粉料机组、颗粒饲料机组、添加剂预混料机组等。小型饲料加工厂多使用配合粉料加工机组。

配合粉料加工机组主要由粉碎机、混合机和输送装置组成。其特点是:生产工艺流程比较简单,多采用人工分批计量,添加剂也采用人工分批直接加入混合机或其他投入装置;绝大多数机组只能粉碎谷物原料;机组占地面积小,对厂房要求不高,机组设在平房内(或适当加高房屋空间)即可安置。

2. **饲料加工机组简介** 机组种类很多,规格大小各异。例如混合机,过去多由立式螺旋混合机组成,后来逐渐被卧式螺带混合机所代替。以下介绍两种以卧式螺带混合机组成的饲料加工机组。

(1)时产0.5吨的饲料加工机组 机组由粉碎机、中间料箱、卧式螺带混合机和布袋除尘器等组成。该机组适用于大型鸽、鹑养殖场自建饲料加工厂。

该机组的主要优点是:工艺流程合理,能连续作业,生产效率高;粉碎机能粉碎多种物料,适应性广;混合机混匀度高,其均匀度变异系数(CV)可达到3.5%。不足之处是每批产量小,仅100千克,难适应大批量需要。

(2)时产2吨的饲料加工机组 它适合乡镇级饲料加工厂选

用。该机组包括 2 台粉碎机、卧式螺带混合机、中间料箱、输送除尘及电控系统。

本机组的优点是：工艺流程合理，布局紧凑，占地少，对厂房无特殊要求；粉碎机数量增多，可粉碎的物料也相应增加，适应性更广，生产效率更高；风机安在刹克龙之后，减少了物料对风机叶轮的磨损，再配上布袋除尘器，减少了空气中的粉尘，有利于改善工作环境。

（七）贮存设备　一般仓库容量不宜过大，容量过大需要增添长期贮存原料的一系列设施，如检测温度与水分、通风、倒仓等，同时仓库设计的技术要求也相应较高，且增大投资。但容量也不能过小，否则不能保障连续生产的需要。根据生产规模和原料供应情况，通常立筒仓贮存（玉米）量以保证饲料厂连续生产 7～15 天的用量为宜。

1. 常用的几种仓型

（1）混凝土仓　贮存条件好，投资大，建仓周期长，适于大规模长期贮存。

（2）砖砌圆仓　容量小，投资少，但不利于长期贮存。

（3）金属板材仓　建设周期短，投资较大，占地少，当前发展很快。

（4）房屋式仓　占地大，投资省，耗劳力。

2. 贮存仓的附属设施

（1）料位器　因造价高，通常只设满仓和空仓两个料位器，大型料仓的中间可增设几个料位器。

（2）进入孔及爬梯　为便于清理料仓和观察料位，以及维修料位器与观测料仓温度，料仓应设置进入孔及爬梯。

（3）通（排）气孔　由于原料粉尘多，在进料作业时，有可能因粉尘量超过极限值而引起爆炸。为减少粉尘事故，仓内应设通气孔。

3. 仓底形式

(1)角度 仓底应保持一定的倾斜,根据贮存物料种类而异。为保证物料的流动通畅,一般仓底角度以 45°为宜。

(2)材料 通常用钢板做仓底,便于安装及物料流动。

(3)结构形式 要根据厂房类型设计仓底结构,否则易造成仓底预制件无法运入车间进行安装的情况。

二、饲料配制工艺

饲料配制工艺的全过程是从原料接收一直到成品(粉料或颗粒料)出厂,它包括原料接收、清选除杂、粉碎、配料计量、混合、制粒(冷却、破碎、分级)、成品称重、分装、打包等主要工序,以及输送、通风除尘、油脂添加等辅助工序。

饲料配制的生产工艺根据饲料厂的规模、原料来源、产品品种不同加工方式可分为 3 种。一是全部饲料原料由饲料厂直接加工配制,包括能量饲料、蛋白质饲料和微量添加剂的加工工艺流程,直接生产出全价配合饲料;二是饲料厂不组织生产添加剂预混料,直接向外购买成品,由饲料厂配上蛋白质饲料和能量饲料的原料生产配合饲料;三是直接向外购进浓缩饲料成品,饲料厂只添加能量饲料原料生产配合饲料。第三种方式特别适合自己手中有能量饲料的鸽、鹌养殖专业户。

(一)饲料配制的基本工艺流程 清理除杂是保证配合饲料品质的第一步,通过筛选和磁选除去可能损害鸽、鹌健康或损坏机械的杂物。

粉碎是将粒状或块状的原料粉碎成规定大小的粉状物,以便与其他饲料原料充分混合,并有助于提高饲粮的消化率。

计量配料是将各种饲料原料按配方确定的质量,准确称量,如果称量不准,则意味着改变了饲料配方,很可能影响鸽、鹌的健康和生产,它是保证配合饲料质量的关键技术之一。

　　添加不需除杂的辅料和添加剂预混料,这些物质添加量不大,却是配合饲料不可缺少的成分,如矿物盐、微量元素和维生素添加剂预混料、氨基酸等。

　　各种原料的添加顺序,直接影响着配合饲料的质量,一般是根据原料的多少顺序添加,先添加量大的,再添加量次大的,量最少的原料放在最后添加,如预混料中的维生素、微量元素和药物等。在添加油脂等液体原料时,要从混合机上部的喷嘴,利用空气压缩机喷洒,尽可能以雾状喷入,以防止饲料结团或形成小球。在液体原料添加前,所有的干原料一定要混合均匀,并相应延长混合时间。更换品种时,应将混合机中的残料清扫干净。

　　混合是将经过计量的全部原料在混合机中充分混匀,给鸽、鹑提供营养均衡的配合饲料。应确定最佳混合时间,混合时间不够,混合不均匀,时间过长,会造成二次分离。一般混合机生产厂家都会推荐一个合理的混合时间。

　　制粒是使用制粒机将粉状配合饲料加工成颗粒状,有一些种类的鸽、鹑较喜爱这类饲料。

　　破碎是将大颗粒的颗粒饲料使用破碎机破碎成较小的颗粒,同时进行分级,符合要求的即可分装、打包,过小的颗粒和粉末再返回制粒机制粒,过大的再进行破碎。破碎料适合幼龄鸽、鹑食用。生产粉状和颗粒状配合饲料的工艺流程,参见图 4-1。

　　(二)原料接收及处理工艺流程　原料接收是保证产品质量第一道工序,对原料要认真进行检验,包括外观检查、称量验收和抽样化验主要营养成分等。

　　验收合格即可接收,为了去除原料中对鸽、鹑生长不利或对加工设备有损坏的夹杂物,应通过筛选和磁选对原料进行清理,然后入仓(图 4-2)。

　　(三)配合饲料的加工过程　因粉碎和配料工序的顺序不同,又有两种生产工艺。

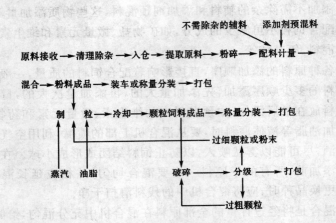

图 4-1　生产粉状和颗粒状配合饲料的基本工艺流程图

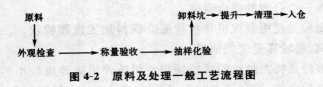

图 4-2　原料及处理一般工艺流程图

1. 先粉碎后配料的生产工艺流程　加工时,先将粒料进行粉碎,然后将粉碎后的粉料贮存在各自的配料仓中。不需粉碎的粉料经杂物清理后,直接送入各自的配料仓贮存。配料时,将这两类粉料和添加剂预混料,按配方要求的重量分别计量后,投入混合机中混合,混匀后的物料即为配合粉料成品。

这种工艺的缺点是要求配置的配料仓多,占地多,投资大,粉料贮存时间长,易于结块;其优点是可进行微机配料计量,精度高,误差小,饲料质量有保证。

2. 先配料后粉碎的生产工艺流程　该工艺有两种情况。

(1)粒料先称量配料再粉碎　这样,粉碎后的粉料与其他经称量配料的粉状辅料、矿物质、预混合的微量元素和维生素添加剂一起倒入混合机混合，即得成品粉料。

（2）主、辅料与饼粕类一起称量配料，然后粉碎　这样粉碎好的物料输送（或卸）到混合机，并加入添加剂预混料，经充分混合，即得成品粉料。

这种工艺的优点是生产中调整饲料配方很方便，对原料品种变化适应性较强；需要配置的配料仓少，占地少，可节省投资；当配料中谷物原料所占比例小时，粉碎量减少，优点更明显。其缺点主要表现为：粉碎机设置于配料之后，一旦粉碎机发生故障，则导致整个生产停顿；同时被粉碎的原料品种多，因而导致特性不稳定，电机负荷也因而不稳定，并增大能耗，原料清理要求高，对输送、计量都会带来不便。这种工艺多用于小型饲料厂。

（四）机械化自动配料工艺流程　主要表现在配料仓的计量工具的配置上，常见的有多仓一秤、一仓一秤和多仓数秤等形式。

1. **多仓一秤配料工艺**　它是在所有配料仓下仅设置 1 台配料秤。其优点是工艺简单，设备的调节、维修、管理较方便，易于实现配料自动化。其缺点是配料周期比一仓一秤或多仓数秤长，多次称量过程中，对各种物料产生的累积称量误差大，以致配料精度不高。

2. **一仓一秤配料工艺**　每个配料仓配置 1 台配料秤。其优点是可同时称量所有料仓的物料，可缩短配料周期，减少称量进程，速度快，精度较高。但需要更多的配料设备，投资大，不便实行自动控制，不利于维修、调试和管理。

3. **多仓数秤配料工艺**　这种工艺应用甚广，该工艺是将各种需计量的物料按照各自的特性或称量差异，分档次选择不同规格的称量设备。一般比例大的物料用大秤，比例小的用小秤，微量组分则用天平，大大减少了配料的误差，精确度显著提高。

（五）配合饲料质量检测

1. **原料质量检测**　在控制配合饲料产品质量的各个因素中，

原料质量控制最为重要,原料质量得到有效控制,则产品质量保证就有 70%的把握。对原料质量进行检测,一方面要严格按国家制定的标准方法,逐项进行常规检查。另一方面对一些原料还应进行特殊检查。如鱼粉除检测粗蛋白质、盐、沙的含量外,还应进行掺假检查;大豆粕还应增加尿素酶含量的检测;矿物质原料除检测其主要成分含量外,还应检测氟、铅、汞等有害元素的含量。原料质量检测应以国家或行业制定的饲料原料标准为依据,一些特殊饲料还可根据具体情况增测一些项目。

2. **成品的质量管理与检验** 配合饲料配方设计是质量管理体系的重要环节,配合饲料的质量在很大程度上取决于配方设计的科学性;企业应参照国家或行业的配合饲料标准,制定更加严格的企业饲料质量标准。如果严格把好了原料关,成品主要检测其混合均匀度,即变异系数。可分上、中、下三层不同部位,采取 9～15 个样品,分别测定某一种营养物质,然后比较这些样品中该营养物质的差,如果相互间差小于 5%,即为合格产品。原料投入混合机的顺序,将影响成品的均匀度;在粉碎工序中,采用一次粉碎还是二次粉碎,对产品的粒度和均一性,以及维生素的活性均有影响。设备的性能也是影响产品质量的重要因素,因为它直接影响工艺效果。此外,还应定期检验和校正计量工具,保证计量准确。包装和标签一定要符合国家规定,成品与标签的各项指标必须一致。成品的贮存条件对质量也有较大影响。

第六节 饲料原料与成品饲料的贮藏

饲料加工厂和鸽、鹌养殖者,无论规模大小都会面临饲料贮存的问题。饲料贮藏不当,会造成饲料变质,鸽、鹌健康受损,并带来不同程度的经济损失。饲料贮藏既包括饲料原料的贮藏,也牵涉成品饲料的妥善保管,两者都不可偏废。

一、影响饲料贮藏品质的因素

(一)影响原料贮藏的因素

1. 生物作用　新收获的籽实饲料细胞处于活动阶段,在一定时间内还存在着呼吸作用,可使饲料中营养物质被分解,尤其是碳水化合物,导致饲料品质下降,饲料中的微生物会加剧分解;鼠害可造成饲料的大量损失,1 只成年鼠 1 年能吃掉 11~12 千克饲料。此外,鼠的粪、尿还会污染饲料,传播某些疾病;虫害是饲料贮藏中导致品质下降的另一个重要因素。

2. 氧化　许多营养物质都可因空气的氧化作用而分解、变质。例如,脂肪的氧化和酸败,这在鱼粉、蚕蛹、米糠和油饼等含脂肪较多的饲料原料尤为突出。随着饲料贮存期的延长,饲料中蛋白质被分解,游离氨基酸增多,但粗蛋白质总量一般变化不大。维生素和微量元素在贮藏时更易遭受氧化,特别是脂溶性维生素。

3. 湿度与温度　环境温度和湿度及贮藏饲料的含水量,对贮藏的饲料品质影响很大。饲料贮藏期间随着环境温度和饲料含水量的增高,贮藏饲料的营养物质损失也越大,损失的速度也越快,三者呈正比关系。长时间在高温、高湿下贮存饲料还可大量孳生霉菌,使饲料产生霉烂、结块。

4. 光照　一些饲料原料对光很敏感,长期暴露在不遮光的环境中,维生素会遭破坏,如一些 B 族维生素和氨基酸等。

(二)影响成品贮藏的因素

成品饲料有多种类型,其特性各不相同,耐贮藏的时间也不同。例如,全价粉状饲料表面积大,孔隙度小,导热性差,容易吸湿发霉。微量元素和维生素长期暴露在空气中,极易被氧化和光照所破坏,不耐久存;全价颗粒饲料加工时经过蒸汽处理,微生物被杀灭,加之淀粉被糊化,孔隙度变大,较耐贮藏。浓缩饲料含有较多的蛋白质、维生素和微量元素,易受潮而导致病菌孳生,维生素易遭破坏,不宜久存。

二、搞好饲料贮藏的主要措施

常用的措施包括造成缺氧环境,加强通风,添加化学物品,创造一个低温低湿的贮藏环境等。

(一)减少氧气 饲料贮藏在密封条件下,由于机械脱氧或饲料呼吸脱氧,使密封环境的氧气逐渐减少,造成缺氧状态,与此同时呼吸脱氧还可增加二氧化碳的积累。饲料贮藏环境的缺氧还可通过其他气体的置换(如充氮置换氧气)形成。缺氧降低了饲料生理活动,微生物和害虫的生长受到抑制,饲料品质劣变的进程延缓,保证了饲料质量的稳定。这种方法对防治饲料虫害效果显著,抑制霉菌的孳生也有较好作用。由于饲料处于密封状态下,可有效防潮,还可避免化学贮藏可能带来的污染,对保障饲料卫生发挥了积极作用。不足之处是需要造价较高的密封设备。

(二)通 风 通风是指将外界低温、干燥的空气引入饲料贮藏仓,置换掉贮藏仓原有的高温、潮湿的空气,使贮藏的饲料温度降低,水分散发,利于安全贮藏。但当外界空气湿度大时则无此效果,反而使贮藏的饲料吸湿而不利于贮藏。此外,通风贮藏的效果还受饲料空隙度和吸附性的影响,空隙度大、吸附性小通风效果较好。通风的方法,一种是利用仓内外风压差形成的自然通风。自然通风在修建贮藏仓时就应充分考虑通风系统的设计和安装,如进气孔和出气孔,这种方法投资省,节能,易操作,但通风效果较差;另一种是借助机械动力进行强制通风,空气交换效率高,但需专用设备,耗能,适合大型仓储采用。

(三)加入化学药物 在饲料中加入一定量的化学药物,以防止饲料的虫害、霉变和氧化、酸败等。

1. **防虫剂** 为防止昆虫和微生物对谷物类饲料的侵害,常采用熏蒸和喷洒化学药剂的方法杀灭有害生物。特别是密闭熏蒸处理,既可杀虫也可灭菌。对谷物类饲料进行化学处理时,要特别注意其残留量,应符合饲料卫生标准要求。

2. 防霉剂 在饲料中加入化学药物抑制霉菌的生长繁殖,来达到安全贮藏。常用的防霉剂为丙酸钙(每吨配合饲料添加 2 千克)和丙酸钠(每吨配合饲料添加 1 千克)。

3. 抗氧化剂 为了防止饲料特别是多种维生素、脂肪受空气的氧化分解,常在配合饲料中添加一些抗氧化剂。常用的抗氧化剂包括天然和人工合成两类。

(1)天然抗氧化剂 常用的有丁香、花椒、茴香等。天然抗氧化剂一般比较安全,无副作用。

(2)合成抗氧化剂 是当前普遍使用的一类,使用最多的有乙氧基喹啉、二丁基羟基甲苯(BHT)、丁基羟基茴香醚(BHA)、没食子酸丙酯及抗坏血酸等,其中乙氧基喹啉的抗氧化效果高于BHA,BHT。

4. 选用药物 药物品种很多,可有针对性地按说明书选用。所选用的药物必须符合饲料卫生标准,残留物不能影响鸽、鹑和人类的健康。

(四)低温干燥 低温干燥的仓储环境应从选址建场建仓开始。建场特别是建仓应选择高燥、通风、遮阳的地方,切不可在低凹潮湿或地下水位高的地方建仓。在仓库周围植树绿化更有利于降低气温。保持干燥还应从原料抓起,含水量的控制是保持仓库干燥的重要环节,若谷物饲料含水量在 14% 以上,很难保证仓库干燥,饲料不变质。定期清理仓库,清仓后应敞开仓库门通风干燥1 周,必要时可烘烤干燥。对一些不耐高温、怕潮的贵重添加剂,短期贮存可放置在空调室。

三、常用饲料的贮藏

首先必须把好进料关,不符合要求的原料或成品坚决不入库。下面叙述各类饲料的贮藏方法。

（一）谷物籽实类的贮藏　籽实通常都含有较高的脂肪，易遭氧化、酸败变质。水分控制不力还可引起霉烂，并发热导致营养物质迅速分解。这类饲料原料是生产配合饲料中的主要原料，其贮藏应予高度重视。虫害也是降低贮藏谷物籽实品质的重要因素，防治虫害也应予以重视。

贮藏方法：谷物籽实通常采用圆筒散装贮藏。谷物籽实的厚度高达十几米，通风效果差。因此，水分应控制在14％以下，可以采用机械通风贮藏。粉碎后的谷物，由于呈粉状，空隙小，通气性差，导热性不良，且粉碎后温度较高（一般为30℃～50℃），很难贮藏。如含水量稍高时则易结块、发霉、变苦。因此，粉碎料不宜贮藏，应现配料现粉碎。

（二）饼粕类的贮藏　这类饲料的特点是富含蛋白质，但经加工时的挤压或浸提已失去细胞膜的保护作用，很容易受昆虫的侵害和微生物的侵染。如果水分超过贮藏标准，当空气相对湿度超过75％时，饼粕则易发生霉变。

贮藏用仓库要特别注意防虫、防潮、防霉。入库前，可用国家允许使用的防虫剂灭虫。为了防潮可用糠壳铺垫仓库，所用糠壳应干燥，厚度不少于20厘米，且压实。严格控制原料的水分，绝不可超过原料标准规定的含水量。

（三）谷物加工副产品的贮藏　主要指糠麸类原料，这类原料脂肪含量相对较高，空隙度较大，易吸潮。因此，很容易酸败或生虫、霉变，特别是高温、高湿季节，原料更易发霉。刚生产的糠麸温度较高，可达到30℃以上，夏季更高，应待温度降至室温后再入库。在贮藏期要勤检查，定期翻仓，注意通风降温，防止结块、发霉、生虫、吸湿。一般贮藏期不宜超过3个月，贮藏超过4个月，酸败就会加快。

（四）添加剂原料的贮藏　维生素、氨基酸、微量元素和其他非营养性添加剂原料都比较娇贵，易受环境变化的影响而遭受破坏，一般都要求低温、干燥、阴暗的环境,但其特性各异,对贮藏条件要求也不尽相同,应根据各自的特性分别保管。现将一些添加剂要求的贮藏条件摘要列于表 4-4,供参考。

表 4-4 某些添加剂原料要求的贮藏条件

添加剂名称	贮藏条件	添加剂名称	贮藏条件
维生素 A	装入铝、铁容器内密封、充氮气,在凉暗处保存	维生素 D_3	遮光,充氮,密封,冷处贮藏
		烟酸	密封保存
维生素 AD 溶液	遮光,满装,密封存于阴凉干燥处	土霉素	遮光,密封,干燥处保存
硫胺素	遮光,密封保存	赖氨酸	密封,干燥保存
核黄素	遮光,密封保存	蛋氨酸	密封,干燥保存
生素 B_6	遮光,密封保存	七水硫酸亚铁	密封,干燥保存
维生素 B_{12}	遮光,密封保存	七水硫酸锌	密封保存
维生素 C	遮光,密封保存	五水硫酸铜	密封,干燥保存
维生素 E	遮光,密封保存	氯化胆碱	防潮,密封保存
泛酸钙	密封,干燥处保存	七水硫酸镁	密封保存

(五)配合饲料的贮藏 配合饲料的种类很多,但其内容物和料型不同,对贮藏要求的条件也各不相同。配合饲料在加工厂贮存的时间应尽量短,最好生产后立即出厂;养殖场(户)也不宜久存。

1. **粉状饲料的贮藏** 粉状配合饲料易吸湿发霉,维生素常随温度升高和长期贮存而加大损失。因此,粉状饲料不宜久存,应尽快使用,存放时间不要超过 1 个月。

2. **颗粒饲料的贮藏** 这类饲料通过蒸汽、制粒处理,绝大部分微生物和害虫已被杀死,且孔隙度大,含水量较低,较耐贮藏,但维生素也容易遭光破坏。

3. **浓缩饲料的贮藏** 这种饲料除富含蛋白质外,其他特性与粉状全价配合饲料相似,也不能久存。其用量较小,只占全价配合饲料的 30％左右,售价为全价配合饲料的 1～2 倍,贮藏时可加入适量抗氧化剂,存放在干燥、阴凉处。

4. 添加剂预混料的贮藏 这类饲料品种繁多,对环境因素的影响更敏感,加之价格昂贵,更应创造良好的贮藏环境。不同品种要求不同的贮藏条件,具体可参照上述添加剂原料的贮藏条件。多种原料的预混料,应取要求最高的一种原料予以满足贮藏条件。

第七节　配制饲料效果检查

一、感官判断饲料的利用效果

饲养效果可以通过多种形式在饲养过程集中表现出来,它能够全面、客观地反映饲料是否合理。为了便于阶段性和全程饲养效果的检查,在日常饲养过程中着重从以下几方面进行观察。

(一)食欲与采食量 食欲和采食量既反映了鸽、鹑的健康状况,也突显了饲料的优劣。在鸽、鹑健康无病的情况下,对饲料的采食减少或厌食,预示该饲料的适口性可能不佳,可能存在霉变、异味,乃至可能由配方不当所致。

(二)观察鸽、鹑体征 鸽、鹑的营养状况更能反映饲料的营养水平是否能满足鸽、鹑的需要,通过观察鸽、鹑被毛光亮、平滑程度,皮肤和黏膜有无不正常表现,食欲、精神和行为状况是否正常,多数鸽、鹑体重是否在预期范围内,种鸽、蛋鹑、种鹑是否过肥或过瘦等。进行综合分析,可以确定是否有营养不良的现象,若存在则应对饲粮进行调整,使之全面符合鸽、鹑的需要,并辅之以其他措施改善鸽、鹑的营养状况。

(三)观测种鸽、鹑和产蛋鹑的生产性能 由此可判断饲料品质优劣。种公鸽、鹑的性欲、精液品质,种母鸽、鹑和产蛋鹑的开产日龄、受精率、产蛋率、孵化率、健雏率等指标与维生素、蛋白质、微量元素的关系十分密切,如果这些指标出现异常就应考虑所配饲粮是否合适;检测产蛋高峰期是否在该品种标准范围内,若低于标准范围,表明在育雏期、育成期营养物质供应不平衡,发育受阻,或者产蛋期的营养物质供应不均衡,以至缩短了产蛋高峰期。

(四)观测体重变化　体重变化也是检验饲料品质的方法之一,这对以增重为主要生产目标的肉鸽、鹑尤为重要。体重明显偏离正常范围,表明所配饲料中某种营养物质可能过多或不足,提醒配料者进行深入分析,找准原因及时改进;鸽、鹑产品的质量除品种影响外,饲料因素同样影响产品的营养物质组成、风味以及其他感官性状,这些指标也从一个侧面反映该饲料的饲养效果。

二、通过经济效益评价,判断饲料品质

当鸽、鹑采食不平衡饲粮时,很可能以增加采食量来维持较高的产量,这就会降低饲料转化率和经济效益。饲料转化率是指 1千克饲粮换得的产品数量,是衡量养殖业生产水平和经济效益的一个重要指标。在生产中,常用料蛋比和料肉比表示。料蛋比即指每产 1 千克鹑蛋所需要的饲粮数(千克);料肉比指商品肉鸽、鹑每增重 1 千克所消耗的饲粮数(千克)。饲料转化率越高;表明饲料的饲养效果和经济效益越高。料蛋比或料肉比越高,表明饲料转化率越低。提高饲料转化率是提高经济效益的核心。因为,饲料成本占总成本的 65%～75%。降低饲料成本也是自配饲料的最终目的。

三、借助饲养试验判断饲料品质

饲养试验可用来验证和筛选较好的饲粮配方,它是判断饲料品质优劣的最直接方法,其结论相对较准确。饲养试验根据欲测定的项目,有多因子与单因子之分,判断饲料的优劣属单因子试

验。饲养试验结果准确否,在一定程度上取决于最初的试验设计,试验设计错了则全盘皆输,不可能获得正确的结论。因此,进行饲养试验设计必须严格遵守以下要求。

必须明确饲养试验的目的,打算解决什么问题,据此制订试验方案。饲养试验大致包括分组试验、分期试验和交叉试验三种方案。

(一)分组试验 分组试验是将足够数量的试验鸽、鹑分为若干组,其中包括对照组和几个试验组。是常用的一种类型,也是饲料品质鉴定推荐的一种类型。其方案如表 4-5 所示:

表 4-5 分组试验

组　别	期　别	
	预试期	正试期
对照组	基础饲粮	基础饲粮
试验组 1	基础饲粮	基础饲粮＋试验因子 A
试验组 2	基础饲粮	基础饲粮＋试验因子 B

分组试验的特点是对照组与试验组都在同一环境下同步进行。因此试验受环境影响的可能已降到最低。分组试验要求有足够数量的供试个体,以减少因供试鸽、鹑群体小而引起试验误差。

(二)分期试验 是把同一组鸽、鹑分为不同时期,先后作为试验组和对照组的试验方法,见表 4-6。

表 4-6 分期试验

预试期	正试期	后试期
基础饲粮	基础饲粮＋试验因子	基础饲粮

此类型试验需要的供试鸽、鹑较少,占用场地少,如操作得好,可在一定程度上消除个体间差异。但是,这种试验经历的时间较

长,环境因素的变化对试验结果有一定的影响。

(三)交叉试验　如表4-7和表4-8所示有两种。是按对称原则将供试个体分为两组,并在不同试验阶段互为对照的试验方法。其设计方案。

1.单因子试验　如果试验只有一个试验因子,可在10天的预试期的基础上,分为两期(表4-7)

表4-7　单因子试验方案

组　别	第一期	第二期
1组	基础饲粮	试验饲粮
2组	试验饲粮	基础饲粮

这也较适合单一的饲料品质鉴定,只是耗时较分组试验长。试验数据整理后即可在两组间比较,也可在两期间对比,交互分析判断更易获得较正确的结论。在供试鸽、鹑数量不多时,交叉试验在一定程度上消除了个体差异的影响,也削弱了历时长,环境因素变化大的影响,因而可获得较为理想的试验结果。然而对于处在生长发育阶段和不同产蛋阶段的鸽、鹑,试验结果会受到一定影响。

2.多因子试验　试验因子较多,试验方案见表4-8。

表4-8　多因子试验方案

组　别	第一期	第二期	第三期
1　组	基础饲粮	基础饲粮＋试验饲粮A	基础饲粮＋试验饲粮B
2　组	基础饲粮	基础饲粮＋试验饲粮B	基础饲粮＋试验饲粮A

第一期是预试期,和分组试验一样,两组都喂同一基础饲粮,逐步过渡到试验饲粮。第二期与第三期开始前应有3~5天的过渡期,两个组的饲粮在不同试验期中相互交换。进行数据处理时,可把两个试验组的平均值与两个对照组的平均值进行比较。

试验应设试验组和对照组,试验组饲喂自配饲粮,对照组则用市售优质的配合饲料。供做试验的鸽、鹑,试验组和对照组在品种、日龄、体重和来源等方面应一致,健康无病,食欲和采食量正常,生长发育良好;试验组和对照组除饲粮不同外,其他饲养管理条件应相同,最好是在同一栏内分为两段,由同一饲养员进行饲喂。所选的试验用鸽、鹑应有足够的代表性,避免选用群体中高产或低产的鸽、鹑。确定试验测定的指标,根据鸽、鹑的用途不同,检测指标也不同:蛋鹑以产蛋量为主要检测指标,肉鸽、鹑则以增重为主;供试验的鸽、鹑每组不少于 50 羽,组内个体间的主要生产性能不能悬殊太大,一般最高和最低间的差不超过 5%。有条件可作差异显著性测定,确认差异不显著才算合适。试验组和对照组试验开始时,主要生产性能指标也不能差异过大;分组后,根据免疫程序的要求进行必要的免疫。

(四)饲养试验　饲养试验应分为预试期和正试期。

1. 预试期　正式试验开始前,应有 10 天左右的预试期,用以观测试禽的表现,使其适应试验场地的饲养环境,对个别不宜作试验的鸽、鹑予以淘汰,并对组间差异进行微调。根据采食情况,适当调整饲粮的投放量。在此期间,试验组应从第五天开始逐步用试验饲粮代替基础饲粮,每天以饲粮 15%～20%的比例逐渐取代。

2. 正试期　用来检验饲料的品质。正试期应严格按照设计方案开展试验。正试期一般以 60 天为宜,肉鸽、鹑可适当缩短至35 天。资料数据的获得和处理是试验的核心,必须认真对待,按照试验方案中的规定,定期获取有关数据。若以体重为主要判断指标的,则要求每月测量 1 次体重,每次测定要求在同一时间连续空腹称重 2～3 天,取其平均值作为最终体重。对蛋鸽、鹑则要求统计每天全群产蛋量、破损蛋、畸形蛋。

预试期和正试期都应统计每日饲料添加量、剩余量和食入量,这是计算饲料转化率的重要依据。数据的记录记载要有严谨的科学态度,特别在试验结果与预期不一致时要求工作人员严肃对待,切不可伪造或篡改数据。记录、记载只能用钢笔或签字笔,而不能用铅笔或圆珠笔。发现记录记载有错只能划掉重填,而不能在原数据上描改。记录记载用的表格应根据试验内容事先设计好,并打印装订成册,切不可随意抓一张纸填写,甚至写在手上。记录记载的原始资料应由专人妥善保管。

第五章 健康养殖的饲养技术与饲喂效果

第一节 饲料配制与健康养殖的意义

健康养殖绝不是一般人所理解的就是"治病防病",而是有着广泛的内涵,至少包含了为鸽、鹌创造一个舒适和谐的环境,使其能正常生长,健康生存,为人类提供安全健康的产品,与周围环境和谐共生,有利于生态良性发展。正如一些学者认为"健康养殖是指根据养殖对象的生物学特性,运用生态学、营养学原理来指导生产,为养殖对象营造一个良好的、有利于快速生长的生态环境,提供充足的全价饲料,使其在生长发育期间,最大限度地减少疾病发生,生产的食用商品无污染,个体健康,产品营养丰富与天然鲜品相当,对养殖环境不造成污染,实现养殖生态体系平衡,人与自然和谐。"

健康养殖实际是一个完整"系统",它包括养殖场地、建筑布局、设备设施、养殖品种、饲料供应、养殖环境、疾病防治。健康养殖能充分满足消费者对无公害食品与日俱增的需求。

我国从事养殖或与养殖有关的企业数量庞大,集中度较低,难以实施标准化生产,产品质量难以控制,造成我国养殖业规模虽居世界第一,但养殖产品的国际贸易额还不到世界养殖产品贸易额的 1%。

我国养殖业因集中度低,导致养殖环境恶劣,畜禽极易感染各种疾病,一旦疫情发生并蔓延,容易引起恐慌,进而引发市场价格

"跳水",造成产业亏损。

为了追求产量,一些养殖户超量或违禁使用矿物质、抗生素、防腐剂和激素,个别甚至使用砷制剂、安定、瘦肉精,不仅养殖产品品质下降,食品的安全性也随之降低,食品安全问题屡见不鲜。

不科学的养殖模式严重破坏生态环境,尤其是兽药、激素和饲用抗生素的滥用,直接或间接污染了环境。国家环境保护部公布的规模化畜禽养殖业污染情况调查显示,养殖业污染已经成为我国农村的主要污染源,一些地区的养殖业污染甚至超过了工业污染。

健康养殖在我国是大势所趋,但是我们的路还很远。现代种、养殖业的基本要求是大规模商品化生产和组织管理,利用现代生物技术、工程技术和管理技术进行生产经营,使劳动生产率、资源利用率、产品产出率、无公害化率以及经济效益大幅度提高。鸽、鹑养殖应以科技开发为根本,以市场为导向,以效益为中心,着力发展无公害、高附加值,高出肉率、高产蛋率的鸽、鹑蛋肉产品,促进传统农业向健康养殖的现代农业转变,建立农业经济新的增长点,在一定程度上体现了中国未来农业的发展方向。

健康养殖与饲粮配制有着密不可分的关系,饲粮配制是健康养殖的重要组成部分,饲粮配制不当,组成成分中含有诸多危害鸽、鹑健康,损害食品安全,破坏生态环境的物质,健康养殖就无从谈起。那种把健康养殖单纯理解为鸽、鹑净化疾病,保证鸽、鹑健康不生病的认识是片面的,可以肯定地讲,健康养殖绝不只是一个防病的问题,把饲粮配制与健康养殖割裂开来,也是不恰当的。

现代鸽、鹑养殖业的发展模式,必然是从分散的小规模饲养逐步向规模化、集约化过渡,规模化养殖必将集中产生大量的粪便、臭气等污染物,影响人类居住环境。通过调整饲粮结构,减轻污染物的排泄也是一项重要的课题。如应用酶工程向饲粮中添加植酸酶,通过酶的作用将不能被鸽、鹑利用的植酸磷,酶解成可被鸽、鹑利用的有效磷,以减少磷的排放;添加微生物制剂(如 EM 制剂、酵素菌制剂)减少鸽、鹑养殖场周边环境中的臭气等。

第二节 饲养密度、槽位与饲喂效果

密度是指单位面积所饲养的鸽、鹑数。密度过大,妨碍鸽、鹑采食、饮水和运动,并易造成应激,发生斗殴、啄肛等不良反应,体弱的鸽、鹑受的影响更大。密度过小,设备利用率低,饲养成本高。合理的饲养密度,既可减少饲养成本,又能促进鸽、鹑的生长发育,减少疾病和啄肛、啄羽等恶癖的发生,提高雏鸽、鹑的成活率,生长发育整齐。

一、肉鸽的饲养密度

(一)乳 鸽 饲养密度要适宜,以每平方米 20~30 只雏鸽为宜。

(二)童 鸽 童鸽可按每平方米 8~12 只安置。

(三)青年鸽 青年鸽十分好动,又正值生长旺期,应适当降低饲养密度,使其有较多的活动空间,以每平方米 7~8 只为佳。

(四)种 鸽 种鸽应进行配对单笼饲养,常用的为层叠式鸽笼,每组笼单长 50 厘米、深 50 厘米、高 45 厘米,承粪板层高 5 厘米(承粪盘高 2 厘米),每笼 1 对种鸽,占笼面积为 0.25 米^2。6 个单笼 1 组,可分 3 层或 4 层(顶层要垫高操作),底下离地距离为 40 厘米。每组笼内设水槽、料盆、巢窝(产蛋窝)。

(五)肥育鸽 饲养密度以 40~50 只/米^2 为宜,高密度可减少肥育鸽的活动,有利于肥育。

二、肉鸽的食槽

食槽用材一般可选用白铁皮、尼龙编织布、薄木板、竹筒或塑料布,群养鸽宜用长为 100～150 厘米、下宽 5 厘米、上宽 7 厘米、高 6～8 厘米的长饲槽。为了防止鸽粪污染,饲槽两头安装高 6 厘米的梁,饲槽顶部加盖,宽 7 厘米。

笼养鸽以用短槽为好,槽长 42 厘米,做成 3 格,两头格子大,用于放置饲料,中间格子小,放保健砂。饲槽挂在两个笼中间,2 对鸽子合用。槽下宽 5 厘米、上宽 7 厘米、高 6 厘米,外口高 8 厘米,大格长 18 厘米,小格长 6 厘米。

尼龙编织布饲槽适于各种类型的鸽场,经济实用。制作比较简单,编织布剪成宽约 30 厘米,布的两边向外翻折 1 厘米并缝好,使之成为可让铁丝穿过的长口袋。编织布饲槽的长度应根据鸽笼的行长决定。缝制好后用大号铁丝穿过长口袋并拉紧,固定在鸽笼上。饲槽与开放式塑料水槽及保健砂杯配套使用。饲槽上方开口较宽,有一定的柔软性,可减少饲料浪费,易于清扫,通风好,残留的饲料在槽里不易发霉变质。

饲槽安装在鸽笼前面距笼底约 12 厘米处,饲槽顶部宽 15～17 厘米,底部深度 8 厘米左右,牢牢固定在鸽笼的首尾。在饲槽的下方安装开放式水槽,水槽顶部与饲料槽底部相距 4～5 厘米。水槽与饲槽之间的空隙处,可用纤维板或木板封闭鸽笼的一面,每个鸽笼的封闭板只留 2 个直径约 4 厘米的孔,让鸽子通过此孔饮水。保健砂杯可安放在饲料槽上 3～4 厘米处近巢盆的一边。

三、蛋用鹌鹑的饲养密度

(一)雏蛋鹑　一般来说,散养时每平方米面积饲养雏鹑,第一周龄以 100～130 只为宜,第二周龄可减少到 80～110 只,3 周龄 60～80 只,4 周龄 50～60 只。在上述范围内根据饲养方式、生长情况、季节、气温、用途予以调整。随季节、日龄、体型的变化,饲养密度可有 10%～15% 的增减幅度。在冬季,或体型小的,或日龄小的,饲养密度可大一些;夏季或体型大的,或日龄大的,其饲养密度应小一些。笼养条件下可适当增加饲养量(表 5-1)。

表 5-1　雏蛋鹌鹑饲养密度　(只/米²)

日　龄	1～7	8～14	15～21	22～35
散养密度	100～130	80～110	60～80	50～60
笼养密度	120～150	100～120	80～90	60～70

(二)育成蛋鹌鹑　育成仔鹑应及时分群,防止饲养密度过大,一般以每平方米 80 只米² 为宜。

(三)蛋鹌鹑及种蛋鹌鹑　种鹑和产蛋鹑应实行笼养,笼舍的结构必须合理,既便于采食、饮水,又要能顺利交配,还要减少种蛋的破损和污染。笼养条件下,每平方米的面积可养产蛋鹌鹑 20～30只。

四、肉用型鹌鹑的饲养密度

(一)雏肉鹑　饲养密度要适度,应根据饲养方式、生长情况、季节、用途而定。一般 1 周龄为 120～150 只/米²,2 周龄 110～130 只/米²,3 周龄 90～100 只/米²,4 周龄 70～90 只/米²。

(二)肥育肉鹑

1. 肥育肉仔鹑　肥育肉仔鹑以笼养较普遍,肥育笼多用金属编织,规格 80 厘米×50 厘米×30 厘米,也可用竹木搭架,分层饲养,饲养密度按单层 80～90 只/米²。每个笼舍内均应设食槽和水槽。若散养,则每平方米饲养 70～80 只较合适。

2. 肥育淘汰的成鹑　多采用笼养,一般采用金属编织,也可用竹木搭架。笼的大小以 80 厘米×50 厘米×30 厘米为宜。分层饲养,饲养密度按单层饲养 50～60 只/米² 设置。也可采用叠层式笼养肥育箱,每箱 0.3 米²,净空高 10～12 厘米(不含承粪板的高度),不宜过高,以免公鹑间爬跨,影响肥育效果。每箱 30～40

只,箱外采食和饮水,公、母分群饲养,防止追逐交配消耗体力。

(三)种用育成肉鹑 可参考育成蛋鹑的密度,适当减少为70 只/米^2。

(四)种肉鹑 基本与种蛋鹑的饲养密度相近。

五、鹌鹑的食槽

食槽需频繁地取出和放入笼或育雏器内,食槽在设计上必须灵巧耐用,换料方便,又易于冲洗消毒。

制作食槽的材料可选用白铁皮、铝板、塑料板、木板等,一般食槽的规格要求宽 7.5 厘米、边高 1.5 厘米,长度可根据鹑舍(笼)长度确定。常用的食槽形态有以下 3 种。

(一)料水兼用型食槽 同一槽可同时盛放饲料和饮水,一般将槽分成 3 等份,中间盛水,左右两边盛料。

(二)"凹"字形食槽 适合 1~10 日龄雏鹑使用,饲料倒入饲槽后,在槽内饲料上铺 1 层铁丝网,网眼 1 平方厘米大小,防止雏鹑把料钩出。

(三)"山"字形食槽 在食槽边添加 1 个回档,3~5 毫米,料槽中央设隔板,防止饲料浪费。

(四)食槽的长度 鹌鹑食槽的长度根据日龄而有所不同,每10 只雏鹑所需的食槽长度为:1~5 日龄 8 厘米,6~15 日龄 20 厘米,16~40 日龄 25 厘米。鹌鹑到 40 日龄后,喂料可在笼外进行。食槽可用塑料管、铁皮、竹子等制成,其长度基本与笼体的长度相同。

喂料时,当食槽内放入饲料后,应将 1 块孔眼为 1~1.5 厘米^{2}的铁丝网覆盖在饲料上,以保持饲料的清洁。

第三节　饲喂技术与饲喂效果

一、饲养方式

　　鸽、鹑的饲养方式常用的为箱养、地面平养、网上平养、立体笼养等4种。

　　(一)育雏箱养　适用于小群0～10日龄的幼鸽、鹑,育雏箱长80～100厘米、宽40～50厘米、高40～50厘米,顶应设置两个通风孔,直径3～4厘米。育雏箱可在箱顶安装灯泡供热,灯泡距离雏鸽、鹑40～50厘米,可根据灯泡大小、气温高低、幼雏日龄调整高度,灯泡的数量和瓦数也视室温而定,以箱内温度最高能达到35℃为准。育雏箱内铺设垫草,雏鸽、鹑养育其中,供热保温,雏鸽、鹑吃食和饮水时从箱中捉出在室内地面进行,喂饮完后再捉回育雏箱内。如果箱内温度过高,可打开育雏箱顶盖降温。如果温度过低,可增加供热量或在育雏箱上加盖棉被保温,但要注意定时开箱换气。育雏箱设备简单,温度不稳定,应精心看护。

　　(二)地面平养　适合各个年龄段的鸽和鹌鹑,每平方米可饲养8～15只青年鸽或20～30只雏鹑。饲养舍内设置栖架、公用食槽、饮水器,不设巢箱。运动场的面积相当于鸽、鹑舍面积,或稍大。运动场符合鸽或鹌鹑的生活习性,有利于青年鸽和雏鹑的生长发育。育雏室供热用烟道或火炕或电热保姆伞或红外线灯泡作热源。地面垫料可选用谷壳、锯末或短草。室内用40～60厘米高的围栏分成若干小区,每3天扩大1次小区范围。2周后将围栏撤走,青年鸽或雏鹑在育雏室内散养。21日龄后可在晴朗天气将雏鸽、鹑放到室外运动场活动。食槽和饮水器应安放在热源外边的适当位置,饲养舍每栋的容量以1 600～2 000只为宜。

　　(三)网上平养　在离地面50厘米高处,架上铁丝网或塑料网垫或竹制漏缝地板,雏鹑或青年鸽即饲养在此网上。网上平养是饲养雏鹑或青年鸽的较好方式,其排泄物可以直接落入网下。网床一般长为 1.6～2 米、宽 0.6～0.8 米,床距地面的高度为 50 厘米。床架可用三角铁、木、竹等制成。床底网可根据日龄不同,而采用不同的网目规格,0～21 日龄用 0.5 厘米×0.5 厘米网目,21 日龄后用 1 厘米×1 厘米网目。四周设置围栏,高度为 40～50 厘米。围栏可用铁丝网或竹片、木条等制成。网上平养的供热保温与地面平养相同。

(四)立体笼养　指在多层重叠式笼内养鸽和鹌鹑,适合各个年龄段的鸽和鹌鹑,特别适合种鸽和种鹑哺育乳鸽和雏鹑,笼养鸽和鹑减少了相互接触的机会,发病少,病鸽和病鹑容易发现,能获得及时治疗,对防止球虫病有显著效果。其单位面积饲养量比群养大,笼养不存在争巢打斗,交配时不受其他鸽和鹑的干扰,提高了蛋的受精率,从而使繁殖率提高 20% 左右。笼养环境较安静,能让亲鸽和母鹑集中精力哺育乳鸽和雏鹑,成活率较高。踩破蛋或踩死乳鸽和雏鹑的情况也可减少。笼养不存在采食饲料不均的现象,不存在与其他公鸽或公鹑、少产鸽或鹑之间争食,体力消耗也少,有利于乳鸽和雏鹑的增重;笼养便于观察和护理。重叠式笼由笼架、笼体、食槽、水槽和承粪板组成,笼架与笼体应配套。第一层笼离地 30 厘米,其余各层笼高 50 厘米。在笼的一侧设门,门宽20 厘米、高 25 厘米。门的两侧悬挂食槽和水槽,供其采食、饮水。各层笼底有一承粪板,笼底与承粪板相距 10 厘米,承粪板为抽拉式。雏鸽、鹑在 1 周龄内,笼底应放置铺垫物,2 周龄后撤去铺垫物,让粪便漏下笼底,以保持笼内环境卫生。雏鸽、鹑 1 周龄时的饲喂情况和饮水设备与网上育雏相似,2 周龄后在笼外挂食槽和水槽,让雏鸽、鹑自由采食和饮水。笼养鸽和鹑运动不足,缺乏阳光照晒,鸽洗浴困难,对健康有一定影响。

二、饲料调制及投料与均料

(一)饲料调制　一是将配好的粉料或粒料、破碎粒料直接加入料槽内饲喂,另设饮水器让鸽、鹑自由饮用。二是将配合饲料的粉料按 1：2 的比例加水拌湿,或与青饲料加水拌湿饲喂。

(二)投　料　投放饲料应按顺序进行,速度要快,布料要均匀,边投料边均料。每次给料时应先投给一次给量的70%～80%,待其采食 10～20 分钟后,再根据剩料多少适当添加。喂后及时将饲槽中的剩料收集起来,以免造成浪费与饲料污染,影响下顿的食欲。对育雏的种鸽、鹑应特别关照。

(三)均　料　均料主要在于使饲槽中每个笼位前的饲料分布均匀,尽可能让每一只鸽、鹑都能均衡采食到较为全面的营养物质。均料过程中应同时观察鸽、鹑采食状况是否正常。实际饲喂中料槽的饲料分布并不均匀,有的地方料多,有的地方料少,甚至有的笼位前料成堆。饲料成堆处的鸽、鹑就会挑食,造成进食营养不平衡;饲料少的地方,鸽、鹑可能吃不饱。在日常管理中,为了保证全群鸽、鹑都能充分采食到营养均衡的饲料,除做好投料外,均料是很重要的一个环节。均料认真,鸽、鹑采食的营养就全面均衡,同时还可以节省饲料。每天应多次均料,才能获得较好的饲养效果。

三、防止过重、过肥

青年鸽、鹑是培育种鸽、种鹑的关键时期,育成鸽、鹑培育得好坏,直接影响到种鸽、种鹑的生产性能。育成期是鸽、鹑骨骼生长发育的主要阶段,它的消化功能已发育完善,体形接近成年鸽、鹑,进入相互追逐、斗殴、争食、争栖架、爱活动的时期,食欲增加,新陈代谢旺盛。此时,应控制生长发育,限制饲喂,防止过肥、早熟、早产等现象发生。

（一）**限制饲养的目的**　限制饲养是为了防止体重过大、过肥，使其维持在标准体重范围内；控制性成熟提早，使其适时开产，同期开产，进而提高产蛋量及蛋的合格率；节约饲料，降低成本，限制饲养的采食量比自由采食时约降低 10%。

（二）**限制饲养的方法**　限制饲养有限质和限量两种方法。

1. **限质法**　即降低日粮中某些营养物质的浓度，而不限制喂料量，任其自由采食。生产上常用低蛋白质饲料，使饲料中蛋白质水平鹑保持在 20%，鸽控制在 13% 左右。

2. **限量法**　即限制饲料的喂量。这种方法饲料质量要好，必须是全价饲料。一般仅喂自由采食量的 80%～90%。

（三）**限制饲养时间**　鸽于 80 日龄、鹑从 3 周龄开始限饲，根据品种及体重确定每天的喂料量。鹑 40 日龄后，鸽 6 月龄起根据品种标准要求，开始采用正常饲喂量。

（四）**限制饲养注意事项**

①是否实行限制饲养应视鸽、鹑的体况确定。饲养条件差，育成鸽、鹑体重较标准体重低时，不宜进行限制饲养，而要加强饲养。

②在限饲期间，必须有足够的食槽和水槽，保证所有的鸽、鹑都能采食到足够的饲料和饮水。

③限饲前必须将病鸽、鹑和弱鸽、鹑挑出来。

④如果鸽、鹑群存在应激，应暂停止限制饲养。

⑤用限量法限饲时，要保证日粮营养的平衡。

（五）**防止鸽过肥的措施**

1. **限制喂量**　饲养青年鸽不能为了追求鸽子的体重而不停地提高营养水平和食量，以每天喂 2 次，每只日喂量为 35～40 克，约半小时吃完为宜。充分供给保健砂，日给1～2 次，每只日用量3～4 克。晚上不补充饲料和增加光照。

2. **调整日粮**　5～6 月龄的育成鸽，应调整日粮，适当增加豆类蛋白质饲料喂量，促使其成熟一致，开产整齐，种蛋质量好。

3. **公、母分群饲养**　3～4月龄时应选优去劣，公、母分开饲养，以免发生早配、早产，影响青年鸽的生长发育。

4. **加强运动和驱虫**　离地网养或地面平养的鸽应多晒太阳，以增强体质。育成鸽群养时，接触地面和粪便的机会较多，易感染体内外寄生虫，应进行1次驱虫。

（六）防止鹌鹑过肥的措施

1. **限制蛋白质水平**　为控制蛋用仔鹌鹑的体重，防止早熟，可限制饲粮的蛋白质水平，以保证鹌鹑在40～45日龄达到性成熟。日粮中蛋白质水平保持在20%为好，且应多晒太阳，并进行1次驱虫。

2. **限制日粮喂量**　喂料量约为标准饲喂量的90%，可根据体重适当调整。用限量法限饲时，要保证日粮营养的平衡。

3. **限饲期要定时称重**　根据体重及时调整饲喂方案，每2周随机从鹑群中抽出10%的鹌鹑进行称重，计算平均体重，然后与标准体重对照，以调整喂料量。鹌鹑体重及耗料量可参考表5-2，表5-3。品种不同其体重及耗料量也有所不同。

表 5-2　蛋用鹑 3～5 周龄时的体重及耗料量　（克）

周龄	日龄	日采食量	周内平均日采食量	体重范围	平均体重
3	17	11.2	11.7	46～58	52
	21	13.1		55～69	62
4	24	13.8	14.6	67～82	72
	28	14.2		73～92	84
5	31	公 13.5	17.4	86～107	88
	35	母 15.5		89～110	100
		公 16.5		95～115	107
		母 17.5		98～122	112

表 5-3　肉鹑生长速度及耗料量　（克）

周龄	平均活重	平均增重	平均耗料	周龄	平均活重	平均增重	平均耗料
3	109.5	46.8	69.2	5	186.0	46.4	208.4
4	149.6	40.1	162.2	6	206.5	20.5	184.2

第四节　饲喂量、饲喂次数、饲喂时间与饲喂效果

一、肉用鸽的饲喂量、次数、时间与饲喂效果

不同生理阶段的肉鸽,其饲喂量、日喂次数及投饲时间不尽相同。饲喂时间的确定应遵循以下原则:早晨第一餐的时间要早,因经过一夜,鸽已处于饥饿状态,且早晨鸽的活动量较大,及时补充饲料有利健康和生产;除产蛋鸽外,一般夜间不补充光照,所以,晚上一餐宜在日落前饲喂,以免光线不足影响采食;雌、雄亲鸽是轮流哺育,在安排饲喂时间时应充分考虑这一特点,以保证雌、雄鸽都能采食到足够的食物;饲喂时间一经确定,不能随意改动,以免打乱鸽的正常生活,导致消化功能紊乱,对生产和健康产生不良影响;同一生理阶段的肉鸽,不同个体也应视具体情况,酌量增减喂料量。季节对采食量有一定影响,夏季采食量明显减少,而冬季采食量则逐渐增加。因此,夏季应减少饲喂量,提高日粮营养浓度;冬季适当增加饲喂量。

（一）乳　鸽　根据日龄可分为初生（7 日龄前）、雏鸽（8～20 日龄）、乳鸽（21～30 日龄）3 个年龄段。

1. 亲鸽的哺喂　乳鸽获得食物主要靠亲鸽的哺喂,其饲喂

量、次数、时间都由亲鸽控制,特别是 3 周龄前。10 日龄后,肥育肉鸽可进行人工饲喂。乳鸽出壳 3～4 小时后,初生雏鸽就产生受喂行为,亲鸽用嘴对嘴的方式频频给乳鸽哺饲。亲鸽哺饲给乳鸽的食糜,1 周龄前为液态,称为鸽乳。2 周龄的食糜为浆粒状,其中约一半是鸽乳,另一半是经亲鸽嗉囊软化的谷粒或颗粒饲料。乳鸽从 3 周龄开始,从亲鸽得到的食物基本都是粒料,25 日龄左右乳鸽开始独立采食,亲鸽不再对乳鸽哺饲。乳鸽每天的哺喂量,以上午哺喂最多,其次是下午,中午最少,夜间极少哺喂。每只乳鸽日平均受喂量见表 5-4。

表 5-4 每只乳鸽日平均受喂量 (克)

日 龄	日喂量	日 龄	日喂量	日 龄	日喂量
1	7.1	11	62.5	21	59.1
2	10.0	12	61.4	22	47.2
3	17.8	13	76.4	23	63.4
4	24.6	14	65.0	24	56.9
5	43.6	15	73.9	25	43.4
6	45.1	16	85.4	26	59.8
7	45.3	17	80.7	27	49.2
8	48.6	18	68.2	28	32.5
9	56.3	19	48.3	29	26.8
10	57.7	20	66.3	30	29.4

从表 5-4 可见,乳鸽获得的食糜量,随着日龄增长而逐步增加,16 日龄时达最大,随后逐步减少。30 日龄时哺喂量降到最低。

2. 乳鸽的人工哺育 进行人工哺育可缩短亲鸽自然哺育乳鸽的时间,提前进入下一个繁殖期,增加全年的产蛋数。乳鸽采用人工哺育,其生长发育较自然育雏快。实施人工哺育首先要解决人工乳的配制和哺饲工具。

（1）人工食糜的配制　随着乳鸽日龄的递增，其人工食糜的组成及食糜形态也相应变化。

配好的乳鸽食糜，在使用时加入适量的温开水，搅拌均匀。随日龄的不同，食糜的形态逐步由流质状过渡到稠状乳液，再到干湿糊状，最后呈水拌料状。

（2）哺饲工具

注射筒灌饲器：是用 20 毫升或 50 毫升的注射器，除去针头改装而成的小容量灌饲器，需两人操作，每次仅喂 1～2 只乳鸽。

吸球灌饲器：用医用吸球制作，是目前应用最广泛的一种灌饲器，吸球的大小可因日龄而异。使用时先将吸球内空气排尽，再吸入乳鸽食糜，将吸球口放入乳鸽食管，挤压吸球食糜即进入乳鸽嗉囊内。操作简便，速度也快。

吊桶灌饲器：在塑料桶的底部开一直径 30～50 毫米的孔，连接长约 1 米的透明塑胶管，管用弹簧夹封闭管口，桶悬挂在育雏笼的前方，通过桶吊绳上端的滑轮，桶可以左右移动，依次灌饲各笼的乳鸽。吊桶式灌饲器结构简单，容量较大，适用于规模较大的鸽场。

塑瓶灌饲器：用 500 毫升或 1 000 毫升的塑料瓶，瓶口用橡皮塞或塑料瓶自有的瓶盖封口，塞或盖开一直径 30～50 毫米的小孔，连接 1 根 5～10 厘米的塑胶管，在塞或盖处另插一针头至瓶内，作进气用。采用挤压的方法给乳鸽灌饲。

脚踏灌饲机：参照填鸭机改制而成，制作材料宜选用不锈钢。这种灌饲机，使用方便，1 人即可操作，且速度快，饲喂量较准。

（3）哺饲方法　刚出生的乳鸽宜用注射筒灌饲器，1 人固定乳鸽，1 人用套有小软胶管的注射筒灌饲器，缓慢插入口腔，防止胶管插入气管和损伤食管，推挤注射筒中的食糜，动作要轻。每次喂量不要太多，以免撑破食管或引起消化不良。每天喂 4 次，每次开饲时间为 7 时、11 时、16 时、21 时。也可仿照亲鸽哺饲乳鸽的方法,让乳鸽逐步学会自己吸吮,效果更好。

4～10 日龄的乳鸽可用吸球灌饲器或塑瓶灌饲器哺饲,将配好的乳料倒入塑瓶或吸入吸球内,通过软胶管缓慢地将食糜挤压进乳鸽的嗉囊。每天喂 4 次,时间与 1～3 日龄乳鸽相同。

10 日龄以后的乳鸽可用塑瓶灌饲器或吊桶灌饲器或脚踏灌饲机填喂。如用吊桶灌饲器哺饲,可通过胶管弹簧夹的启闭,控制食糜的饲喂量;若用脚踏灌饲机,则需先将食糜倒入脚踏灌饲机的盛料漏斗内,将胶管插入乳鸽食管,右脚启动开关,食糜便进入嗉囊。喂量由脚踏控制,脚轻踏开关时,放出的食糜较少,反之则量大。每天饲喂 3 次,每次开饲时间为 7 时、14 时、21 时,同样每次喂量不可太饱。

(二)童　鸽　30～90 日龄的鸽属童鸽,刚离开亲鸽进入一个新环境,饲养中需特别细心。喂料要定时、定量,供给品质良好的软化饲料。把粉碎的玉米及大米、豆类粗粒用清水浸泡 1 小时,取出晾干后投饲。以日喂 3～4 次,每天喂量每只 40 克较宜,每天加喂保健砂 1 次,每只 3 克左右,饲喂的保健砂中应含有多种微量元素,确保童鸽生长发育和换羽的需要。换羽时可适当增加日粮中能量饲料达 85%～90%,若加喂 4%～5% 的火麻仁和少量石膏或硫磺粉添加剂,有助于换羽。保健砂中可适当加入穿心莲及龙胆草等中草药。

(三)青年鸽　90 日龄后属青年鸽,此时已进入稳定生长期,骨骼发育迅速,新陈代谢旺盛,食欲增加。为了防止生长发育过快,出现过肥、早熟、早产等现象,应进行限制饲养。以日喂 2 次,每天每只 50～60 克为宜,并加喂保健砂 1～2 次,每只 3～4 克。

(四)种　鸽　每天喂 3 次,哺育亲鸽适当增加投料次数,亲鸽由于要哺育雏鸽,食量会随哺育期的延长而增加,尤其是在雏鸽达 15 日龄之后。因此,除正常每天投料 3 次外,还应在两次投食中间加喂 2 次,即 3 大顿 2 小顿。还可考虑在加饲时补充其他营养物质。一对亲鸽每天的饲粮量大约 100～120 克,但哺育的亲鸽,饲粮量应加倍。每天应喂给保健砂 1～2 次,每只 5～20 克,哺育期亲鸽给量应大于非哺育期亲鸽。

各类鸽每日饲喂次数、时间及喂量见表 5-5。

表 5-5 鸽每日饲喂次数、时间及喂量

类　别	次数(次/日)	喂量(克)	时　间
童　鸽	3～4	40/只	7:00,14:00,17:00
群养青年鸽	2	50～60/只	7:00,16:00
配对空窝鸽	3	100～120/对	7:00,14:00,17:00
育雏鸽	3～5	180～240/对	7:00,10:00,13:00,16:00,18:00

喂肉鸽的饲料颗粒不宜太大,以利于"哺食"。

饲喂量是否满足肉鸽的需要,可仔细观察鸽的采食行为。若投给的饲粮很快被吃光,可能喂量不够,可适当添加少量继续观察。如果投料半小时后仍没有吃完,表明给量过多。虽未吃光,但肉鸽仍围着饲槽不停地走动觅食,这可能是饲料的适口性差,或突然改换饲料,肉鸽尚未适应,也可能是饲料已发霉变质。判断正在哺育期亲鸽是否吃饱,还可检查乳鸽的嗉囊。如果喂食后 1 小时乳鸽的嗉囊不鼓,表明没有喂饱。必须保证肉鸽采食到足够饲料,以免亲鸽在哺雏后因采食不足而处于饥饿状态,影响其体力恢复而导致繁殖力下降,童鸽和青年鸽发育受阻。也应注意不要给料太多,肉鸽给料以达八九成饱较适宜,以保持旺盛的食欲。给料过多,乳鸽可因亲鸽"哺食"过多而引起消化不良,还可导致种鸽和肥育鸽过肥,从而影响肉鸽的肉质。

(五)肥育鸽 4 周龄时的乳鸽,体重较符合市场需要,脂肪含量适中,肉的风味鲜美,最受消费者欢迎。因此,用于肥育的鸽应选择体重在 350 克以上、身体健康、羽毛丰满、富有光泽的 3 周龄乳鸽,经 1 周的短期肥育,可获得品质极佳的肉用乳鸽。肥育鸽每天投饲 2~3 次,每次每只的投饲量以 50~80 克为宜。

二、鹌鹑的饲喂量、次数、时间与饲喂效果

(一)雏蛋鹌 指 3 周龄前的鹌鹑,出壳后应尽早开水和开食(指第一次饮水和喂料),以先开水后开食为好。开始采食只要求会吃,使雏鹑知道在食槽中采食。开食料可用碎玉米或碎米,2 日龄后饲喂全价料(粉料或破碎粒料)。开水、开食时应注意防止鹌鹑饮水时淹死或湿毛,并防止采食过饱或饥饿。1 周龄内宜自由采食,2 周龄起用食槽饲喂。干喂、湿喂均可,喂时把饲料撒在经消毒的与饲料颜色反差明显的塑料布上,布的面积为笼底面积的1/10 左右,撒料的厚度以 5 毫米为宜。1 周龄内每天喂 6~8 次,也可自由采食。2 周龄后每天喂 5~6 次。各周龄鹌鹑每只日耗料量为:1 周龄 3~5.6 克(周平均日耗料 3.9 克),2 周龄 7.6~9.5 克(周平均日耗料 8.4 克),3 周龄 10~15 克,随日龄递增。

(二)育成蛋鹌 指 4~5 周龄的仔鹑,应适当限制饲喂量和蛋白质水平,只给正常喂量的 90%,蛋白质含量 19% 较适宜。一般日喂 3 次,即上午 7~8 时,中午 11~12 时,晚上 4~5 时。饲喂量因品种、年龄、气候、生理状况而异。以朝鲜鹌鹑为例,4 周龄时平均日喂量为 14.6 克,5 周龄相应为 17.4 克。

(三)蛋鹌及种蛋鹌 一般产蛋商品鹌鹑及产蛋种鹑每天喂 4次即可(7 时、11 时、15 时、18 时),最后 1 次宜在晚间熄灯前 1 小时饲喂,春季产蛋旺季,夜间可加喂 1 次。6 周龄进入产蛋期,平均日喂量可增加到 19.3 克,7 周龄产蛋增加,平均日喂量可加到20.1 克,产蛋高峰期商品鹌鹑及产蛋种鹑每只每天喂给 25~30克配合饲料。在配合饲料内可加入沙砾,一般加入量为饲料量的

2％，也可在食槽中放些沙子，任其自由采食。每次饲喂要定时、定量，少喂勤添，不可中断饮水，否则会引起产蛋率骤降。产蛋高峰期应迅速调整饲粮，其中蛋白质含量提高到 22％～23％，不宜超过 23％。

（四）雏肉鹌　指 3 周龄前的肉用鹌鹑，与蛋雏鹌一样开水和开食都宜早，同样先开水、后开食。也要防止淹死或湿毛和采食过饱或饥饿。1 周龄内每天喂 6～8 次，也可自由采食。2～4 周龄内每天喂 5～6 次，2 周龄起用食槽饲喂，干喂、湿喂均可。各周龄雏肉鹌平均每只日耗料量为：1 周龄约 4.1 克，2 周龄 9.7 克，3 周龄 15.4 克。

（五）肥育肉鹌　除种用鹌鹑外，其余身体健康的 25～30 日龄的鹌鹑均可转入肥育笼，进行肥育。肥育期 2～3 周，每天喂 4～6 次，或自由采食，充分供应饮水。各周龄鹌鹑每只日耗料量为：4 周龄约 20.6 克，5 周龄 24.8 克，6 周龄 26.6 克。肥育 1 只肉仔鹌（自开食至上市）约需 6 周，耗料 710 克左右。肥育期应增加能量饲料，可占日粮的 75％～80％，蛋白质饲料 18％，食盐 0.5％，酌量增喂一些青绿饲料。

（六）种用育成肉鹌　此时公、母鹌应分群饲养，为防止种鹌过肥、体重过大和性早熟，必须限制饲喂量和蛋白质水平，喂量控制在标准喂量的 85％～90％，蛋白质水平以 22％为宜，定量饲喂每天 4～5 次，也可自由采食。

（七）种肉鹌　可参考种蛋鹌的饲喂次数和喂量执行。

各类鹌鹑每日饲喂次数、时间及喂量见表 5-6。

表 5-6　各类鹌鹑每日饲喂次数、时间及喂量

类　别	次数（次/日）	喂量（克/只）	时　　间
雏蛋鹌	3～4	3～15	7：00，14：00，17：00
雏肉鹌	2	4.1～15.4	7：00，16：00

续表 5-6

类　　别	次数（次/日）	喂量（克/只）	时　　间
育成蛋鹑	3	14.6～17.4	7:00,14:00,17:00
蛋鹑及种蛋鹑	3～5	19.3～30	7:00,10:00,13:00,16:00,18:00
肥育肉鹑	4～6	20.6～26.6	7:00,9:00,11:00,14:00,16:00,18:00
种用育成肉鹑	4～5	限饲	7:00,10:00,13:00,16:00,18:00
种肉鹑	3～5	参考种蛋鹑	

第五节　饲粮卫生状况与饲喂效果

饲料卫生状况不仅影响鸽、鹑的饲喂效果,也影响鸽、鹑健康,还影响鸽、鹑产品品质,甚至影响宏观生态和微观生态的变化,饲料卫生状况直接关系到人类生存环境和人类自身的安全。饲料的安全性也就成了当前饲料科学配制工业所面临的重要议题。饲料中影响卫生状况的因素主要有:有毒有害元素、天然有毒有害物质、微生物污染、农药污染,以及滥用抗生素、激素和转基因饲料等。尽管国家已制定了饲料卫生标准,并颁布实施,但饲料卫生状况并未引起广大养殖者的重视,此处加以强调,以利提高饲喂效果,改善人类生存环境。

一、饲料中有毒有害元素的危害

一些有毒元素均可污染饲料,严重影响饲料安全性和饲喂效果。其中危害较大的有铅、汞、砷、铬等重金属和有害元素。

(一)铅　当土壤被含铅量较高的物质污染后,饲料中含铅量也随之增加,其增加程度因土壤中铅含量的高低而变化。含铅可能较高的饲料有少数矿物质饲料和鱼粉、肉骨粉等。

鸽、鹌长期饲喂含铅量高的饲料（我国规定，鸡的混合饲料中铅含量不超过 5 毫克/千克，鸽、鹌可参考这一标准），会引起神经系统、造血器官、肾脏受损，表现为神经功能紊乱，溶血性贫血，肾脏变性或坏死，消化道出现病变。

（二）汞　从含汞工业废水严重污染的水域中生产鱼粉，其汞的含量是非污染区的 5 倍甚至更多。鸽、鹌对汞的毒害反应敏感。中毒后的鸽、鹌主要表现为神经症状，如运动不协调、呆滞、嗜睡等。雏鸽、鹌出现消瘦，厌食，生长发育受阻或脱毛。食入高汞量饲粮的鸽、鹌，其产品中汞的含量也高，人食用后将严重危及人体健康。

（三）砷　在一些添加剂饲料中含有较多的砷，如 3-硝基-4-羟苯砷酸和 4-硝基苯砷酸，长期使用可在鸽、鹌体内蓄积，产生慢性中毒。砷中毒后的鸽、鹌常出现胃肠炎，生长受阻，羽毛粗乱、易脱落，可视黏膜发红，四肢无力、甚至麻痹，并可对鸽、鹌和人产生致癌作用。

（四）铬　6 价铬对动物有毒害作用，鞣制皮革时需使用铬制剂，使用皮革蛋白粉有可能污染配合饲料，导致鸽、鹌中毒。鸽、鹌急性中毒，主要表现为呼吸困难，流涕，食欲降低，腹泻；也可能发生慢性中毒，表现为食欲降低，生长发育迟缓，羽毛光泽消失，骨质疏松或患软骨病，运动障碍，繁殖率下降。

二、饲料中天然有毒有害物质的危害

一些鸽、鹌用饲料原料中，常常含有一种或多种天然有毒有害物质，如植物性饲料中的生物碱、棉酚、单宁、抑蛋白酶、植酸等，动物性饲料中的组胺、抗硫胺素及抗生物素等。这些有毒有害物质均可对鸽、鹌机体造成不同程度的损害，轻者降低饲料营养价值和饲喂效果，重者引起鸽、鹌急性或慢性中毒，诱发癌变，甚至死亡。

(一)棉籽饼(粕)　含有棉酚、单宁、植酸、环丙烯脂肪酸等有毒物质。

①棉籽饼(粕)中含有游离棉酚可引起鸽、鹑中毒,生长受阻、生产下降、贫血、繁殖能力下降甚至不育,严重时死亡。游离棉酚还可降低赖氨酸的有效性。

②棉籽饼(粕)中的单宁和植酸可降低蛋白质、氨基酸和矿物质的利用率,从而影响鸽、鹑的生产性能。

③棉籽饼粕的残油中含有 2 种环丙烯类脂肪酸,即苹婆酸和锦葵酸。它们能使蛋品质量下降,产蛋率和孵化率降低。可引起鸽、鹑胃肠功能紊乱,发生胃肠炎;心、肝、肾等器官受损,出现心力衰竭、肺水肿、出血性炎症等;还可导致生殖功能丧失。

(二)菜籽饼(粕)　含有各种抗营养因子、硫葡萄糖苷、芥酸、芥子苷、缩合单宁等生物碱。硫葡萄糖苷进入动物体后可分解为异硫氰酸盐和噁唑烷硫酮,可引起胃肠炎、支气管炎、肾炎,还可引发甲状腺肿大等病变,鸽、鹑大量食入后,还可污染其产品。此外,菜籽饼(粕)中所含的芥子碱具苦味,可降低饲料的适口性,甚至可影响产品的风味。还含有一定量的植酸和单宁,同样可降低蛋白质、氨基酸和矿物质元素的利用率,从而影响鸽、鹑的生产性能。

(三)生豆饼(粕)　含有一些有害物质,如抗胰蛋白酶、脲酶、血球凝集素、皂角苷、致甲状腺肿因子等。其中以抗胰蛋白酶影响最大。抗胰蛋白酶可使鸽、鹑发生消化障碍,营养物质的消化率降低。

(四)亚麻仁饼(粕)　含有氰氢酸,饲喂过多可引起鸽、鹑生长停滞、脱羽、产蛋下降甚至死亡。

(五)植酸及植酸盐　植酸广泛存在于植物饲料中,主要以植酸磷的形式存在,植酸磷几乎不被鸽、鹑利用,食入后大部分排出体外,造成磷对环境的污染;植酸还可与钙、铁、锌、锰、铜、钴等元素螯合,形成不溶性的螯合物;植酸可与蛋白质螯合,大大降低蛋白质的溶解度。除降低这些物质的饲喂效果外,均可造成对环境的污染。

三、饲料微生物污染的危害

对饲料造成污染的微生物,危害鸽、鹌健康的主要有沙门氏菌、大肠杆菌、肉毒梭菌、葡萄球菌、魏氏梭菌,霉菌,病毒等。当生产动物性饲料时,若消毒不彻底或保存不当,可引发上述病菌的孳生和大量繁殖,造成饲料污染,使饲料适口性降低,颜色和气味异常,营养物质被破坏。

（一）细菌污染的危害　沙门氏菌污染的饲料常引起鸽、鹌下痢,雏鸽、鹌发生急性或慢性败血症;肉毒梭菌分泌的毒素可使鸽、鹌出现中毒性症状,表现为四肢无力,全身麻痹,运动失调;鸽、鹌食入含有遭受大肠杆菌污染的饲料,常致大肠杆菌病,肉鸽、鹌鹑均有患大肠杆菌病的报道,其主要传播途径是消化道。

（二）霉菌污染的危害　霉菌对饲料的污染,影响鸽、鹌健康,在我国较常见。霉菌污染的饲料产生刺激性气味、颜色异常、结块、质地发生变化,营养价值和适口性下降,蛋白质溶解度降低,部分维生素遭破坏。霉变产生的毒素可致鸽、鹌中毒,如玉米霉变后产生的黄曲霉毒素中毒可使鸽、鹌发生呼吸困难,腹泻,运动失调等症状,死亡率很高。黄曲霉毒素还是一种强致癌物质。

四、农药污染的危害

近半个世纪以来种植业大面积使用甚至滥用农药,使土壤、饲料乃至整个生态环境均遭到严重污染,人、畜、禽健康都受到严重危害,在使用饲料时,应对农药污染饲料的状况予以高度重视。目前常用的农药主要有两大类,即有机磷和有机氯农药,此外,还有部分有机氟农药。

（一）有机磷农药的危害　这类药的品种甚多,主要使用的是高效、低毒、低残留的乐果、敌百虫、敌敌畏等。但少数地区仍在使用剧毒农药。长期使用有机磷农药可致饲料作物的有机磷含量增高,可引起鸽、鹌中毒。中毒后鸽、鹌主要产生神经症状。应特别重视有机磷残留过高的鸽、鹌产品,对人有致癌、致畸和致基因突变的"三致"危害。

(二)有机氯农药的危害 尽管我国已经禁止使用有机氯农药。但有机氯农药在土壤中不可能快速地自然净化,而是较多地被吸附于土壤颗粒上,尤其是在有机质含量丰富的土壤中。因此有机氯农药在土壤中的滞留期均可长达数年。同时,氯苯结构较为稳定,不易为生物体内酶系降解,因此积存在动、植物体内的有机氯农药分子消失缓慢。所以对环境的污染短时间很难消除,饲料中这类物质的存在尚难避免。有机氯中毒后,鸽、鹌的神经系统、肝、肾以及免疫器官等受损,繁殖功能衰退。对人类也有"三致"的危害。

(三)有机氟农药的危害 现常见的有机氟农药有氟乙酸钠、氟乙酰胺,此类农药的残效期长,鸽、鹌长期食用含有机氟的饲料,可损害鸽、鹌的心脏,呈现中枢神经系统和循环系统异常、抽搐、呼吸困难、流涎等症状。

五、饲料添加剂和药物不合理使用的危害

(一)抗生素的危害 抗生素作为饲料添加剂在预防动物疾病、促进动物生长、增加畜产品产量和提高养殖效益等方面曾发挥过积极作用。但带来的不良反应也不可忽视,例如,配制饲料中长期使用抗生素导致细菌产生耐药性;改变动物消化系统的微生态环境,使一些有益微生物在消化道的生存和繁衍受到抑制;动物长期食用含抗生素的饲料,可通过产品传递给人,使人类对这些抗生素产生耐药性,以至影响疾病的治疗,一些抗生素对人类同样有致癌、致畸的危害;一些残留的抗生素还可随动物粪便排泄到外界,造成对环境的污染。北京大学临床药理研究所肖永红教授等专家调查推算,中国每年生产抗生素大约 21 万吨,其中 9.7 万吨抗生

素用于畜牧养殖业。抗生素滥用现象在我国非常严重。今后应不用或少用抗生素作为饲料添加剂,改用益生素、低聚糖、酶制剂及中草药等添加剂,同样可提高动物的非特异性免疫力,促进动物生长,改善饲料利用率。

(二)激素的危害　大部分激素虽有提高鸽、鹑生长速度和饲料报酬的作用。但可残留于产品中,人食用含瘦肉精的动物产品,可引发血压增高、心跳加快、气喘、多汗、手足颤抖、摇头等症状;含雌激素的动物产品,可扰乱人体内分泌,并可致癌、致畸。为此,国家已禁止使用激素类添加剂。

(三)使用饲料添加剂应遵循的原则

①选用的添加剂和预混料应符合国家有关品种的要求,不得使用非推荐品种,并严格遵守该添加剂的剂量和使用规定。

②鸽、鹑在长期使用该添加剂时,不产生急、慢性毒害,对种鸽、鹑的繁殖性能和后代的生长发育无不良影响。

③选用添加剂必须考虑性价比,应有确实的生产效果和经济效益。既要考虑其价格,更要考虑其对鸽、鹑健康和生产效益的影响。如某种添加剂比类似的一种价格高 20%,但却比廉价品对鸽、鹑的增重提高 50%,两相权衡后应舍廉求贵。

④添加剂,特别是维生素在贮存过程中和在配合饲料加工贮藏中,应有较好的耐贮性和稳定性,不易遭受破坏。在鸽、鹑体内也应具有较好的稳定性。

⑤严格控制鸽、鹑产品中添加剂的残留量,不能超过允许的标准范围,以免影响鸽、鹑产品的质量和人体健康,更不允许有危害人类健康的残留物存在。

⑥添加剂饲料中有毒重金属和有害元素(如铅、镉、汞、砷等)的含量,不得超过国家标准。

⑦应有良好的适口性,在嗅觉和口感方面均不得出现异味,以免影响鸽、鹑的采食量。

⑧鸽、鹌鹑体内添加剂代谢产物,在向外界环境排泄时,不能超过食品卫生和环境保护的相关规定,不造成环境污染。

严格控制抗生素、激素以及对人体有害的添加剂和其他有毒有害物质的应用,在肥育上市前 15 天必须停止使用这类物品,是提高鸽、鹌鹑产品卫生质量,生产绿色产品的的关键。尽量不在饲料中添加抗菌药物,防止破坏肠道菌群平衡,引起内源性感染,给人类的生命安全造成威胁。

六、我国饲料、饲料添加剂卫生标准

生产和使用配制饲粮必须严格遵守我国饲料及饲料添加剂卫生标准(2002)。《饲料卫生标准》详见表 5-7。

表 5-7 　饲料卫生标准 　(2002)

有毒有害物质	产品名称	指标(每千克产品中允许含量)	试验方法	备 注
砷(以总 As 计)(毫克)	石粉	≤2.0	GB/T 13079	不包括国家主管部门批准使用的有机砷制剂中的砷含量
	硫酸亚铁、硫酸镁			
	磷酸盐	≤20		
	沸石粉、膨润土、麦饭石	≤10		
	硫酸铜、硫酸锰、硫酸锌、碘化钾、碘酸钙、氯化钴	≤5.0		
	氧化锌	≤10.0		
	鱼粉、肉粉、肉骨粉	≤10.0		
	家禽、猪配合饲料	≤2.0		
	猪、家禽浓缩饲料	≤10.0		以在配合饲料中 20%的添加量计
	猪、家禽添加剂预混合饲料			以在配合饲料中 1%的添加量计

续表 5-7

有毒有害物质	产品名称	指标(每千克产品中允许含量)	试验方法	备注
铅(以 Pb 计)(毫克)	生长鸭、产蛋鸭、肉鸭配合饲料,鸡配合饲料,猪配合饲料	≤5	GB/T 13080	
	奶牛、肉牛精料补充料	≤8		
	产蛋鸡、肉用仔鸡浓缩饲料,仔猪、生长肥育猪浓缩饲料	≤13		以在配合饲料中20%的添加量计
	骨粉、肉骨粉、鱼粉、石粉	≤10		
	磷酸盐	≤30		
	产蛋鸡、肉用仔鸡复合预混合饲料,仔猪、生长肥育猪复合预混合饲料	≤40		以在配合饲料中1%的添加量计
氟(以 F 计)(毫克)	鱼粉	≤500	GB/T 13083	高氟饲料用 HG 2636—1994 中 4.4 条
	石粉	≤2000		
	磷酸盐	≤1800	HG 2636	
	肉用仔鸡、生长鸡配合饲料	≤250	GB/T 13083	
	产蛋鸡配合饲料	≤350		
	猪配合饲料	≤100		
	骨粉、肉骨粉	≤1800		
	生长鸭、肉鸭配合饲料	≤200		
	产蛋鸭配合饲料	≤250		
	猪、禽添加剂预混合饲料	≤1000		以在配合饲料中1%的添加量计
	猪、禽浓缩饲料	按添加比例折算为配合饲料		与相应猪、禽配合饲料规定值相同

续表 5-7

有毒有害物质	产品名称	指标(每千克产品中允许含量)	试验方法	备 注
霉菌 *（×10³个）	玉米	<40	GB/T 13092	限量饲用：40～100,禁用：>100
	小麦麸、米糠			限量饲用：40～100,禁用：>100
	豆饼（粕）、棉籽饼（粕）、菜籽饼（粕）	<50		限量饲用：50～100,禁用：>100
	鱼粉、肉骨粉	<20		限量饲用：20～50,禁用：>50
	鸭配合饲料	<35		
	猪、鸡配合饲料猪、鸡浓缩饲料	<45		
黄曲霉毒素 B_1（微克）	玉米	≤50	GB/T 17480 或 GB/T 8381	
	花生饼（粕）、棉籽饼（粕）、菜籽饼（粕）			
	豆粕	≤30		
	仔猪配合饲料及浓缩饲料	≤10		
	肉用仔鸡前期、雏鸡配合饲料及浓缩饲料	≤10		
	肉用仔鸡后期、生长鸡、产蛋鸡配合饲料及浓缩饲料	≤20		
	肉用仔鸭前期、雏鸭配合饲料及浓缩饲料	≤10		
	肉用仔鸭后期、生长鸭、产蛋鸭配合饲料及浓缩饲料	≤15		
	鹌鹑配合饲料及浓缩饲料	≤20		

续表 5-7

有毒有害物质	产品名称	指标（每千克产品中允许含量）	试验方法	备 注
铬（以 Cr 计）（毫克）	皮革蛋白粉	≤200	GB/T 13088	
	鸡、猪配合饲料	≤10		
汞（以 Hg 计）（毫克）	鱼粉	≤0.5	GB/T 13081	
	石粉	≤0.1		
	鸡、猪配合饲料	≤0.1		
镉（以 Cd 计）（毫克）	米糠	≤1.0	GB/T 13082	
	鱼粉	≤2.0		
	石粉	≤0.75		
	鸡配合饲料、猪配合饲料	≤0.5		
氰化物（以 HCN 计）（毫克）	木薯干	≤100	GB/T 13084	
	胡麻饼（粕）	≤350		
	鸡配合饲料、猪配合饲料	≤50		
亚硝酸盐（以 NaNO$_2$ 计）（毫克）	鱼粉	≤60	GB/T 13085	
	鸡配合饲料、猪配合饲料	≤15		
游离棉酚（毫克）	棉籽饼（粕）	≤1200	GB/T 13086	
	肉用仔鸡、生长鸡配合饲料	≤100		
	产蛋鸡配合饲料	≤20		
	生长肥育猪配合饲料	≤60		
异硫氰酸酯（以丙烯基异硫氰酸酯计）（毫克）	菜籽饼（粕）	≤4000	GB/T 13087	
	鸡配合饲料、生长肥育猪配合饲料	≤500		

续表 5-7

有毒有害物质	产品名称	指标(每千克产品中允许含量)	试验方法	备　注
噁唑烷硫酮(毫克)	肉用仔鸡、生长鸡配合饲料	≤1000	GB/T 13089	
	产蛋鸡配合饲料	≤500		
六六六(毫克)	小麦麸	≤0.05	GB/T 13090	
	大豆饼(粕)			
	鱼粉			
	肉用仔鸡配合饲料、生长鸡配合饲料、产蛋鸡配合饲料	≤0.3		
	生长肥育猪配合饲料	≤0.4		
滴滴涕(mg)	米糠、小麦麸、大豆饼(粕)、鱼粉	≤0.02	GB/T 13090	
	鸡配合饲料、猪配合饲料	≤0.2		
沙门氏菌	饲料	不得检出	GB/T 13091	
细菌总数 *(×10⁶ 个)	鱼粉	<2	GB/T 13093	限量饲用:2～5,禁用:>5

注:1. * 表示霉菌的允许量和细菌总数允许量标准,以每克产品计;2. 所列允许量均以干物质含量88%的饲料为基础计算;3. 浓缩饲料、添加剂预混合饲料添加比例与本标准备注不同时,其卫生指标允许量可进行折算

第六节　饮水质量与饮用效果

一、水体污染及其危害

水体污染是指排入水体的污染物在数量上超过了该物质在水体中的本底含量和自净能力即水体的环境容量,从而导致水体的

物理特征、化学特征发生不良变化,破坏了水中固有的生态系统,破坏了水体的功能及其在人类和畜禽生存及生产中的作用。水体污染对鸽、鹌健康造成直接或间接的危害。引起水体污染的原因很多,概括起来有两类。

(一)自然污染因素 自然污染是指由于特殊的地质或自然条件,使一些化学元素大量富集,或天然植物腐烂中产生的某些有毒物质或生物病原体进入水体,从而污染了水质。主要包括三方面的因素,水体中大量的水生生物死后的尸体在水中氧化分解,产生难闻的氨和硫化氢臭气,并使水体颜色变黑,这种污染称为"自身污染";雨水对各种矿石的溶解作用,将其中的一些有毒有害物质,随雨水流入水体,导致水体污染,这种被污染的水体通常称为"矿毒水";雨水冲刷水域四周地表的各种污物,并流入水域造成水体污染。水体天然污染常常与人为的有机物污染有关。

(二)人为污染因素 人为污染则是指由于人类活动(包括生产性的和生活性的)引起地表水水体污染。例如,向水体排放大量未经处理的工农业生产废水、生活污水以及各种废弃物造成水体污染,其污染程度通常远远大于天然污染,一般所说的水体污染多指后者。

(三)水体污染的危害 水体被污染后,对鸽、鹌可造成多方面的危害,直接影响饲喂效果,主要表现在:

1.传播疫病 水体受病原微生物或寄生虫污染后,可导致某些传染病或寄生虫病在局部地区爆发和流行。

2.影响水体自净 铜、锌、镍、铬等微量元素可抑制水中微生物生长繁殖,从而影响水体中有机物降解,使得水体的自净过程受阻,间接影响了水体的净化。

3.引起慢性中毒 水体受污染后,其中的有毒物质可引起动物慢性中毒。

4.重金属元素中毒 水体被污染后的有害物质,特别是一些重金属元素,被鸽、鹌饮用后将直接危害其健康,并可通过其产品转移到人体,危害人体健康。

二、科学饮水

水对鸽、鹌影响很大。鸽、鹌机体所需水分来源有三:即饮水、饲料中所含的水、代谢水。其中饮水是肉鸽和鹌鹑所需水分的主要来源。

(一)鹌的饮水　鹌体内缺水的危害远大于缺乏饲料的危害。如鹌缺饲料时,仍可维持生命数日。鹌机体内丧失 10% 的水就会出现代谢紊乱,失水达 20% 就会导致鹌死亡。长期得不到饮水既可影响鹌的健康和生产,当终止供水 8 小时,产蛋量显著下降,断水 24 小时,可使产蛋下降 30% 左右,蛋壳变薄,蛋变小,而停水 36 小时,即可引起死亡。鹌的饮水量与其健康状况、环境温度、日龄、产蛋率、活动情况、水温、体重及饲料类型等有关,环境温度和产蛋率对饮水量的影响最明显。幼鹌每单位体重的需水量比成鹌高 1 倍以上;饮水量与生产水平呈正相关,需水量随产量提高而增加;气温超过 21℃,每升高 1℃,饮水量约增加 7%。饮水 pH 以 5～7 为宜,可溶解矿物盐总量不超过 150 毫克/升。

(二)鸽的饮水　鸽的饮水量大于其他家禽,不但次数频繁而且要求有一定的深度(不低于 2 厘米),饮水量受多种因素的影响,常随季节、气候、生理状况、品种、饲料特性的不同而异,其中气温的影响最显著,对高温特别敏感。常温下一只成年鸽每天需水 30～80 毫升,气温低于 0℃ 时饮水量减少,气温超过 22℃ 时饮水量逐渐增加,气温达 35℃ 时饮水量则是 22℃ 的 1.5 倍,并伴随出现食欲不振,排尿增加,腹泻。故在炎热天气早晚,应适当限制饮水,但中午不要限水,以免引起中暑;哺育期的种鸽在饮水后才能吐出嗉囊乳或食物哺喂乳鸽,所以哺育期种鸽的饮水量是平时的 2～3 倍;笼养比平养鸽饮水多;若保健砂中食盐含量较高,则饮水量还会更多。

鸽对饮水的清洁度十分敏感,饮水时往往先将半个头没入水中,试探水的清洁度,当认为饮水清洁时便一气饮足。因此,要及时供给充足、新鲜、干净、卫生的水,并设置足够的水槽,以维持正常的生理活动。

(三)雏鸽、鹑的开饮　出壳后进入育雏室稍事休息后即开始第一次饮水,开饮宜早不宜迟,否则招致脱水,则后果严重。对出雏时间超过 24 小时的长途运输,第一次饮水应喂 5％葡萄糖溶液。初生鸽、鹑一经开饮,不能断水,供水既要清洁卫生,又要考虑饮水的温度,初饮水温度应保持 25℃～35℃为宜,其他日龄的幼鸽、鹑水温以 15℃～20℃较好。

2～3 日龄的鸽、鹑可以每天饮青霉素水一次,每次用量为 80 万单位青霉素 8 支/千只雏鸽、鹑。饮水可以作为免疫的载体,按照制订的免疫程序借助饮水进行免疫。例如,4 日龄于饮水中加入防治白痢病的药物,16 日龄后添加防治大肠杆菌病的药物。还可通过这个载体饮入预防新城疫的疫苗(Ⅱ系或Ⅳ苗)。在不喂药或不进行饮水免疫时,可定期饮用 0.01％的高锰酸钾水(呈淡紫红色),对保健消化系统有好处。

(四)水　温　冬季不能用结冰水喂鸽、鹑,且水不能太凉,以免引起胃肠疾病,饮用水水温以 15℃～20℃为佳。

夏季鸽、鹑饮水量大量增加,应增加夏季供水的次数,给量要足,每次添水前应将剩余的陈水倒掉,并冲洗水槽杯。采用自动饮水器供水,可保护饮水不被污染。

(五)饮水器的类型　为防止雏鸽、鹑饮水时弄湿被毛或掉入饮水器淹死,应采用专门的小型饮水器,或在饮水器内四周添加一些石子,或在饮水器表面加盖铁丝网,或吊桶型自动饮水器。

(六)饮水器的长度　前期使用真空式饮水器,饮水器长度按每只雏 0.5 厘米设计。后期使用水槽,长度按每只雏 1 厘米左右设计,饮水量一般为饲料量的3～5倍。有条件的可使用自动饮水器,饮用水不与外界接触,安装盖板后,粪便和饲料掉不进饮水器,水始终保持干净卫生,大大减少细菌和疾病传播的渠道。

三、饮用水水质卫生标准

目前,我国尚未制定动物饮用水卫生标准,由于大多数鸽、鹌鹑场,人与鸽、鹌鹑使用同一供水系统,为了保证职工饮用水安全,建议鸽、鹌鹑供水标准使用人的生活饮用水水质卫生标准。我国生活饮用水水质卫生标准(GB5749—2006),见表5-8。

表5-8　水质常规指标及限值

指　标	限　值
1. 微生物指标[①]	
总大肠菌群(MPN/100毫升或CFU/100毫升)	不得检出
耐热大肠菌群(MPN/100毫升或CFU/100毫升)	不得检出
大肠埃希氏菌(MPN/100毫升或CFU/100毫升)	不得检出
菌落总数(CFU/毫升)	100
2. 毒理指标	
砷(毫克/升)	0.01
镉(毫克/升)	0.005
铬(六价,毫克/升)	0.05
铅(毫克/升)	0.01
汞(毫克/升)	0.001
硒(毫克/升)	0.01
氰化物(毫克/升)	0.05
氟化物(毫克/升)	1.0
硝酸盐(以N计,毫克/升)	10
地下水源限制时为20	

续表 5-8

指　标	限　值
三氯甲烷（毫克/升）	0.06
四氯化碳（毫克/升）	0.002
溴酸盐（使用臭氧时，毫克/升）	0.01
甲醛（使用臭氧时，毫克/升）	0.9
亚氯酸盐（使用二氧化氯消毒时，毫克/升）	0.7
氯酸盐（使用复合二氧化氯消毒时，毫克/升）	0.7

3. 感官性状和一般化学指标

指　标	限　值
色度（铂钴色度单位）	15
浑浊度（NTU-散射浊度单位）	1 水源与净水技术条件 限制时为 3
臭和味	无异臭、异味
肉眼可见物	无
pH（pH 单位）	不小于 6.5 且不大于 8.5
铝（毫克/升）	0.2
铁（毫克/升）	0.3
锰（毫克/升）	0.1
铜（毫克/升）	1.0
锌（毫克/升）	1.0
氯化物（毫克/升）	250
硫酸盐（毫克/升）	250
溶解性总固体（毫克/升）	1000
总硬度（以 $CaCO_3$ 计，毫克/升）	450
耗氧量（COD_{Mn} 法，以 O_2 计，毫克/升）	3
水源限制，原水耗氧量＞6 毫克/升时为	5

续表 5-8

指　标	限　值
挥发酚类（以苯酚计，毫克/升）	0.002
阴离子合成洗涤剂（毫克/升）	0.3
4. 放射性指标②	指导值
总 α 放射性（Bq/升）	0.5
总 β 放射性（Bq/升）	1

注：①MPN 表示最可能数；CFU 表示菌落形成单位。当水样检出总大肠菌群时，应进一步检验大肠埃希氏菌或耐热大肠菌群；水样未检出总大肠菌群，不必检验二者；

②放射性指标超过指导值，应进行核素分析和评价，判定能否饮用

第六章 保证配合饲料饲喂效果
的管理技术与因素

第一节 场址环境质量与饲喂效果

能否充分发挥科学配制饲料的作用,在一定程度上取决于鸽、鹌所处的外部环境,适宜的外界环境可以保证鸽、鹌的身体健康,使其生产潜力充分发挥,因此在鸽、鹌养殖中给鸽、鹌创造一个适宜的环境是非常重要的。适宜的环境包括正确选择场址、合理的场地规划、鸽、鹌舍的布局以及鸽、鹌舍的建筑设计等,特别是场地一经选定并建场后,则不能改变,发现不当之处也无力补救,因此,对鸽、鹌场的设计必须仔细调查研究,周密计划布局。

一、场址选择

场址选择应根据其生产任务以及当地自然及社会条件进行综合考虑。鸽、鹌场选址要符合卫生防疫要求,场区内空气清新,既要考虑物资进出方便,更要考虑环境安全。场址应远离污染源、交通要道、居民区、工业区和污染区,尽量选用荒山、荒坡地。场址及周边未遭病菌污染,有充足的清洁水源,水质必须符合无公害鸽、鹌生产的要求,不含病原微生物、寄生虫卵、重金属、有机腐败产物。不在高山风口、阴暗、低凹湿地建场。在高燥、易排水的半山腰建场最有利于鸽、鹌的健康。

(一)鸽、鹌场类型 大致分为两类,即小型综合性鸽、鹌场(既搞孵化、育雏,又养种鸽、鹌和产蛋鸽、鹌)和专业户经营的专业化鸽、鹑场（无论规模大小只养一类鸽、鹑或蛋鸽、鹑，或种鸽、鹑，或肉鸽、鹑或只搞孵化）。由于鸽、鹑场生产任务不同，建场时侧重点也不同。

（二）场地自然条件

1. 气候状况 选址建场前应充分掌握当地气候状况，包括月平均气温，最高最低气温，月平均风速及风向，长年主导风向，月平均相对湿度，平均降水量以及全年主要自然灾害等情况。

2. 地势地形 地势要高燥，以向阳背风的缓坡较好。切忌在低洼潮湿地选址建场。低洼潮湿地带风速小，气流不畅，污浊空气难以扩散，热量积聚，夏季闷热，冬季气温较低，这样的饲养环境必然导致饲养效果的下降；同时低洼地排水不良易积水，不仅造成管理不便，且利于细菌、寄生虫生长繁殖，增加疫病的发生，影响鸽、鹑健康。如在坡地建场，坡度以不超过 1%～3% 为宜。

要求场地地形方整、开阔，不要过于狭长和边角太多，这样可减少道路、管道、线路的投资，管理也方便；面积大小要适宜，一般鸽、鹑场场地面积为建筑物面积的 3 倍左右。

3. 土壤 场地的土质状况，鸽、鹑场的温、湿度及空气卫生状况，鸽、鹑舍构建物等与鸽、鹑的健康均有密切关系。要求场地地下水位低，土质透水，透气性好，能保持干燥，并适于建筑房舍。

砂壤土（含黏土 10% 以下）是建鸽、鹑场的理想土壤，它兼有砂、黏土的特点，透气透水性良好，可保持场地干燥，减少孳生病菌和寄生虫。

4. 水源 养鸽、鹑场用水量很大，必须有清洁卫生的可靠水源，充足的水量，良好的水质，并便于取用和防护。水源有地下水及地面水两大类。地面水主要是江、河、湖、塘等，其水量随气候和季节变化较大，水质较软而不稳定，含有机物质较多，易受污染。用地面水作为鸽、鹑场水源时，最好经过过滤、消毒。地下水因经土层渗滤杂质和微生物较少，水质较洁净，水源稳定，水量充足。

依靠公共供水系统供水（如自来水）的鸽、鹑场应修建贮水池。

5. 位置　鸽、鹑场场址应远离居民区、学校、工厂、屠宰加工厂等建筑物。有可靠的电源，尽量少占或不占耕地，充分利用缓坡、丘陵。如在山区、丘陵地区建场应注意防止山洪的冲刷。

场址选择既要注意自身的防疫隔离，也不能污染周围环境。场址应远离其他养禽场或屠宰场，最少相距 1 千米，还应远离散布烟尘及有害气体的工厂，应在居民点下风向及水源的下游处。

6. 交通　孵化场要求交通方便，便于运入种蛋和出售幼雏，位置要适中；育雏及种鸽、鹑则要求自然环境条件更好，远离各种传染源，但交通运输要方便；专业化鸽、鹑场则是各种鸽、鹑单独建场，后备蛋鸽、鹑场，蛋鸽、鹑场，肉鸽、鹑场等无论其规模大小均要销售畜产品，可靠近城市及销售点且要求交通方便。

7. 防疫　近几年曾发生过重大畜禽疫病的地区，不能选址建场。交通干线过往车辆频繁，是传播疾病的重要途径，且噪声大易使鸽、鹑受惊，影响产蛋或肥育。因此，从防疫和预防应激考虑，鸽、鹑场应距交通主干线至少 500 米以上，距一般道路 100～150米。

二、场地规划和建筑物布局

不论鸽、鹑场的规模大小，均要涉及场地规划和建筑物布局。规划和布局应严格按鸽、鹑场的卫生要求，在规划和布局时首先考虑防疫，其次要为鸽、鹑生长发育创建良好的生存环境；第三要便于组织生产，节约投资，利于减轻劳动强度和提高劳动效率。

（一）场地规划　鸽、鹑场建筑物种类和数量应根据鸽、鹑场的性质和规模而定。

1. 综合性鸽、鹑场

生产区：由孵化室、育雏舍、育成舍、成鸽、鹑舍、饲料库、兽医室等组成。

生活区：宿舍，食堂等。

管理区：包括办公室、车库、配电房、机修车间、产品转运库等。

此类鸽、鹌场规划时，应特别注意防疫要求，各区根据主风向依图 6-1 规划为宜。

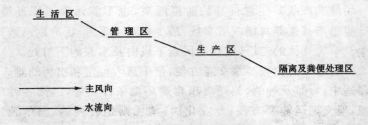

图 6-1 鸽、鹌场规划示意图

生活区应与其他功能区分离，单设进出通道。管理部门因承担着对内进行生产管理，对外联系工作的任务，故一端应靠近公路并设置大门，另一端与生产区相连。

生产区应建围墙，并设出入口以供人员进出及运送粪污之用。各种鸽、鹌舍中雏鸽、鹌舍应设在上风向，生产鸽、鹌群设在下风向。各类鸽、鹌舍分别编成不同组合，各组合间的距离应在 100 米以上。兽医室、隔离舍和粪污处理必须在生产区的下风向，距最近鸽、鹌舍在 200 米以上。

2.专业性鸽、鹌场 生产区内仅有一类鸽、鹌舍，应设在上风向，兽医室、隔离室和粪便污物处理等应在下风向。

（二）建筑物布局 合理布局主要是确定其位置及排列方式，使之便于组织生产，减轻劳动强度和提高生产效率，也关系到全场的卫生防疫和鸽、鹌舍的环境状况。鸽、鹌舍朝向应长轴南北向，向东偏 15°有利采光。每栋鸽、鹌舍之间必须有足够的卫生、防疫、消防间隔，一般间隔应不小于 10 米。

1.一般原则 鸽、鹌舍的布置多采用行列式，即鸽、鹌舍横成排,竖成列布置。这种排列方式可尽量安排成方形或长方形,避免狭长,便于机械化操作,也易于安排较适宜的建筑朝向。布局建筑物时,相互联系较多的应靠近安置,便于联系并可缩短道路和管线;饲料库或饲料调制间,原则上应在地势较高处及清洁道端,并与各栋鸽、鹑舍保持较短的距离。粪污处理要设在下风向和地势较低的地段。

消毒是全场防疫体系的第一步,坚持消毒可减少由场外带进疫病的机会。在生产区进口处建立消毒室,供进入生产区的人员、物品等进行消毒。生产区进口处应设车辆消毒池,消毒池深度为30 厘米,长度以车辆前后轮均能没入并转动 1 周为宜。

2. 道路及绿化　场内道路关系着全场生产的正常进行、卫生及疾病传播,需要合理设置。场内道路根据其运输性质可划分为料道(净道)及粪道(污道)。料道主要运送饲料及鸽、鹑产品并供工作人员行走,必须清洁,不应受到污染,一般设在场中心部位通往鸽、鹑舍一端;粪道运送鸽、鹑粪便、淘汰鸽、鹑等,可从鸽、鹑舍另一端通至场外。料道与粪道不要交叉使用,以免传播污染物。

道路路面宽度要便于车辆行驶,一般 3~5 米;道路质量一定要好,坚实,中间稍凸,坡度根据路面材料不同而定,一般坡向是两侧,排水良好。道路两侧可设置排水沟,人行道可单向坡度,从一侧排水,可节省土方和排水沟投资。

场区绿化(包括植树、种草、种花等)可明显改善场区的小气候,调节温、湿度,减弱强风的袭击,美化环境,净化空气,吸收二氧化碳,放出氧气,阻留和吸收有害气体,减少尘埃,降低空气中的细菌数,减少污染,减弱噪声。这是投资少,效果好,改善环境的有效措施。

大中型鸽、鹑场周围可栽植平行的 2~4 排防风林,距场内主要建筑 40~50 米处为宜,其他方向为 30~40 米。树木间行距3~6 米,株距 1~1.5 米。在料库与鸽、鹑舍间,排水沟边缘 1~

1.5 米处,运动场周围也要植树。场区内绿化植树应以灌木为主,尽量不栽乔木,以防飞禽栖息传播疫病,偷食鸽、鹑饲料。

3. 废弃物处理 废弃物主要指鸽、鹑粪便和病死鸽、鹑,废弃物处理设施的设置,原则上应严防疫病传播,不能污染周围环境和水源,故废弃物处理场应远离生产区,一般不少于 200 米。

鸽、鹑场的污水排放量较大,直接排至场外对外界环境污染严重,可建造污水处理池,通过处理使排出的水各项指标达到卫生排放标准。鸽、鹑场可建干性化尸窖,化尸窖应选择高燥无水的地方,深度在 5 米以上,留有投入口并能全封闭。对病死鸽、鹑尸体,除病理解剖外,要全尸及时投入化尸窖,禁止随意抛弃或让其他动物吃食。

第二节 温、湿度质量与饲喂效果

一、温、湿度对鸽、鹑饲喂效果的影响

温度对雏鸽、雏鹑的成活率,鸽、鹑的产蛋量、蛋重、蛋壳品质、种蛋受精率,鸽、鹑的育肥效果以及饲料转化率,都有较大的影响,保持鸽、鹑舍适宜的环境温度是保证生长发育、生产率和饲料效率的必备条件,温度适宜时,耗料量最少。温度过高鸽、鹑食欲减退,采食量下降,体重减轻,生长速度减缓,产蛋减少,并可诱发疾病。温度过低雏鸽、乳鸽、雏鹑死亡率明显上升,自然孵化的孵化率降低,饲料消耗增加。蛋鹌鹑在室温低于 15℃ 时产蛋率下降,10℃以下则停止产蛋。肉鸽生长、繁殖的适宜环境温度为 27℃～32℃;鹌鹑喜温暖,怕寒冷,舍内的适宜温度为 17℃～28℃,最佳产蛋温度为 24℃～26℃。

适宜的相对湿度对鸽、鹑的生长发育,特别是胚胎的发育更显重要。相对湿度是指当时的水汽压占饱和水汽压的百分比。在适

宜的温度条件下,鸽舍适宜的空气相对湿度为 55%～60%,产蛋鹌鹑最适宜的空气相对湿度为 50%～55%,在 40%～72% 的范围内,鹌鹑都可正常产蛋。湿度过低会使孵化中的种蛋水分大量蒸发,导致胚胎发育不良,甚至脱水使胚胎与蛋壳粘连,造成出壳困难,甚至死亡。空气相对湿度低于 40% 时,鸽、鹑羽毛零乱,空气尘埃飞扬,易产生呼吸道疾病,也有利于葡萄球菌、白痢、沙门氏杆菌及具有脂蛋白囊膜病毒的繁殖。空气相对湿度过低还可引起鸽、鹑脱水。空气相对湿度过高可阻碍鸽、鹑种蛋水分向外蒸发,影响胚胎的新陈代谢,进而影响胚胎的发育,甚至造成死胚。空气相对湿度超过 75%,鸽、鹑的羽毛潮湿污秽,易患关节炎。

相对湿度对鸽、鹑饲养效果的影响多与温度共同发生作用。适温时,湿度对鸽鹑机体的热调节机能无明显影响,因而,对生产也无大的影响。在生产上,要特别防止高温高湿、低温高湿等的不良影响。

高温高湿对产蛋鸽、鹑的影响最大。可导致鸽、鹑散热困难,体温升高,采食量、产蛋量减少。雏鸽、雏鹑生长缓慢,抗病力下降。而且高温高湿环境有利于微生物的生长繁殖,使鸽、鹑易患病。

低温高湿环境可使鸽、鹑羽毛湿度加大,机体热量大量散失,采食量增加,产蛋率下降。严寒时还可引起鸽、鹑感冒,或发生冻伤。

二、温、湿度的调控

从上述介绍可知温、湿度对鸽、鹑影响最大的是育雏阶段,其次是繁殖期,应重点做好这两个时期的防暑降温和保暖防寒工作,温度得到有效控制后,湿度的不良影响也会随之降到最低。

(一)育雏期温、湿度的控制　温度是决定育雏成活率的关键。刚出壳的雏鸽鹑个体小,绒毛短稀,体温调节机能较弱,难以适应外界温度的变化,既怕冷,又怕热,因此,育雏期温度必须控制在适宜范围。肉鸽多为自然育雏,由亲鸽哺育,不需过多考虑加热供暖,只需为亲鸽创造一个适宜的温度环境,若需大群人工育雏可参考雏鹌的方法供热保温。

1. 适宜的温度 鹌鹑大群育雏需要专门的育雏室和育雏器,利用育雏器加热供暖,也可采用火道加热保温,2 周龄前室温应维持在 25℃～30℃。小群可选用育雏箱,利用雏鹑自身的体热供暖,在严冬或早春季节应采取保温增温措施,夜间使用电灯泡加热或在箱上加盖棉毯保温。

(1)温度控制 温度应随日龄而变,详见表 6-1。温度控制的总原则是:小雏宜高,大雏宜低;小群宜高,大群宜低;气温低宜高,气温高宜低;夜间宜高,白天宜低。4 周龄后,当育雏器内温度和室温相同时,即可脱温,室内温度应不低于 20℃。脱温应根据具体情况掌握,一般春秋育雏 14 天左右脱温,夏季 4～5 天即可脱温,而冬季 20 天才能脱温。

表 6-1 雏鹑所需要的适宜温度 (℃)

日 龄	育雏器温度	日 龄	育雏器温度
1～6	35～37	13～18	26～30
7～12	31～34	19～25	20～25

(2)温度适宜的判断 生产中育雏温度是否适宜,主要靠观察雏鸽、鹑的形态。温度适宜时,雏鸽、鹑活泼好动,均匀分布在育雏室内,互不挤压,食欲旺盛,饮水适量,羽毛光滑整齐,粪便正常,休息和睡眠时安静,很少尖叫;温度过高时,雏鸽、鹑远离热源,集中在育雏器边缘,张口呼吸,抢水喝,喘气,羽毛蓬松,饮水量增加而采食量降低。温度太低时,雏鸽、鹑靠近热源,扎推挤压,活动少,饮水减少,羽毛竖立,闭眼尖叫,身体发抖。

肉用鹌鹑的保温与育雏鸽的保温相似,主要是"看鹌鹑施温"。

室内温度以 18℃～25℃为宜。

2.适宜的相对湿度

(1)适宜的湿度　在育雏期间一定要保持适宜的空气相对湿度,在 7 日龄前为 60％～65％,10 日龄后 55％～60％。雏鹌鹑开食后5～6天内,湿度掌握在 65％～70％。以后,空气相对湿度保持 50％～60％。

(2)湿度的调节　提高湿度,可用空罐头盒之类的器皿做沙盘,在沙盘中加入沙和水,令其蒸发提高空气湿度。如湿度过低,可在室内喷洒水,以增加湿度或增加沙盘数。湿度过高加强舍内通风管理和降低饲养密度,减少用水量,堵塞饮水器的滴、冒、漏等现象,保持舍内干燥。

(二)繁殖期鸽、鹑温、湿度的控制　鸽、鹑舍内的温、湿度主要依靠改变通风量和保温以及改善管理方法来实现,在保温性能良好、高密度饲养的鸽、鹑舍内,春秋两季鸽、鹑舍的温、湿度一般能符合鸽、鹑的生理要求,但冬季气温偏低,夏季则偏高,应重点做好冬季的防寒保暖,夏季的防暑降温。

1.夏季的防暑降温　鸽、鹑处于 30℃的高温环境条件下就会出现热应激,导致鸽、鹑生长缓慢,产蛋率下降,死亡率增高,应及时采取一系列降温措施。

(1)降低舍内温度　加大舍内通风量是降低舍温最常用的方法,但温度超过 30℃,通风降温的效果不明。适当降低饲养密度,减少鸽、鹑的产热,也可降低舍温,一般笼养鸽、鹑的饲养密度可比冬季降低 20％。

在有条件的地区密闭式鸽、鹑舍可安装湿帘,能降低舍温5℃～8℃,空气温度越高降温效果越好。开放式鸽、鹑舍,采用机械纵向通风也可收到较好的降温效果。此外,炎热地区在建造鸽、鹑舍时,合理选用隔热建筑材料也有利于降低舍内温度。

(2)调整饲喂方法　增加清洁饮水的供应,保证水槽内不缺水,最好供给新鲜的流水;改变饲喂时间,避开中午炎热时段,改在早晨天亮后的 1 小时和傍晚两个采食高峰期饲喂;调整饲粮浓度,适当提高饲粮的能量和蛋白质水平,每千克饲粮中添加 100～200 毫克维生素 C,有利于缓解热应激的不良影响。

(3)及时清除粪便,降低有害气体浓度　夏季鸽、鹑饮水大增,粪便较稀,舍内湿度明显增加,将影响鸽、鹑机体散热,并促使鸽、鹑粪便迅速发酵,产生有害气体,诱发呼吸道疾病。因此,应及时清除粪便,加强通风。

2.冬季的防寒保暖　加强鸽、鹑舍的保温设计是防寒的根本措施。增加迎风面的墙壁厚度,降低鸽、鹑舍净高,增加饲养密度等;在日常管理工作中可于入冬前对鸽、鹑舍进行维修,堵塞屋顶、门窗、墙壁的所有缝隙,寒冷地区窗户还应用透明度好的塑料薄膜遮挡风雪,门上增设棉门帘;寒冷地区鸽、鹑舍应加天棚,迎风面用麦秸或玉米秆做成风障,阻挡寒风侵袭,可收到一定的保温效果;特别寒冷的严冬可生火炉或砌火墙,以增加舍温;适当增加鸽、鹑的饲养密度也可提高舍温。

第三节　其他环境因子质量与饲喂效果

一、光照质量与饲喂效果

光照的作用除为鸽、鹑提供采食活动的照明外,还通过眼睛刺激鸽、鹑脑垂体,增加激素分泌,从而促进性腺的发育和产蛋。光照时间的长短和强度直接影响鸽、鹑的健康和繁殖。光照有两种。

自然光照:光照对于鸽、鹑的生长发育极为重要;它可提高鸽、鹑的生活力,刺激食欲,促进 7-去氢胆固醇和麦角醇转化为维生素 D;阳光还可以杀菌,保持舍内干燥温暖。

人工光照:人工光照多以灯光为光源,其主要作用在于补充舍内自然光照的不足,便于鸽、鹑采食和饮水,以及饲养管理人员工作;也可促进鸽、鹑的生长发育和性成熟。

(一)育雏期光照　适宜的光照能提高雏鸽、鹑的生活力,促进生长发育。

1. 光照时间　雏鸽、鹑出壳后 1～7 天内,采用 24 小时连续人工光照(可与保温相结合),以后逐步减少到每天光照 14～15 小时,密闭舍其他时间也应开小灯照明,便于采食、饮水。脱温后,光照时间也不能低于 14 小时。

2. 光照强度　强度不宜过大,光照较弱时,雏鸽、鹑显安静、温驯、活动少、生长较快。光照过强雏鸽、鹑易惊群,活动量大,易发生互斗、啄羽、啄趾、啄肛等恶癖。光照强度以 10 勒克斯为宜,或每平方米光源 2～3 瓦,电灯的高度距鸽、鹑背部 2 米左右。

3. 光线颜色　黄光、青光易导致鸽、鹑发生恶癖,而橙黄、红、绿光则不易发生恶癖。照明灯的颜色以红色灯和白炽灯为好。据报道,光的颜色对性成熟也有影响,雏鹑在红光下饲养比在绿光或蓝光下饲养早开产 10～14 天,并能维持较高的产蛋率。

(二)产蛋期光照　产蛋期要求维持 15～16 小时的光照时间,后期可延长至 17 小时,高产蛋鹌鹑甚至可延长至 20 小时。光照时间的增加应逐渐进行,直至达到要求的光照时间,并保持恒定。当自然光照不足时可每天早晨补充 1 次人工光照,或早晚各补 1 次;光照强度不宜太强以 5～10 勒克斯为宜,可按每平方米光源 1～3 瓦计算。人工光照制度不能随意变动,调整人工补充光照时间只有在因季节发生变化,而导致自然光照变化时才能进行。人工补充光照要定时开灯、关灯,切不可时早时晚、时强时弱,甚至昼夜照明,且光照一定要均匀。

二、环境中有害物质与饲喂效果

鸽、鹌鹑居住的环境,由于鸽、鹑的呼吸,排泄以及饲料、粪便的发酵分解改变了鸽、鹑居住环境的大气组成,氨、硫化氢、甲烷、粪臭素等明显增加。鸽、鹑的生产活动使得舍内空气中的粉尘和微生物的浓度大大提高,这些有害物质对鸽、鹑和工作人员都将产生不良影响,危害人和鸽、鹑的健康,降低科学配制饲料的饲喂效果。

(一)氨 气 舍内氨气主要是含氮有机物如粪便、饲料、垫草等腐烂分解而来,特别是温热、潮湿环境、高密度饲养、垫草的反复利用、通风不良等均会使其浓度增高。氨对人和鸽、鹑均有不良刺激作用,氨吸附在眼结膜上刺激该处产生痛感和流泪,较长时间刺激,会导致发炎。当氨气吸入呼吸道,刺激气管、支气管可引起水肿、充血、疼痛、分泌黏液充塞气管。氨气还可麻痹呼吸道纤毛或损害黏膜上皮细胞,使病原微生物易于侵入。氨气被吸入肺部很容易通过肺泡进入血液与血红蛋白结合,破坏血液的运氧功能,导致贫血。结合人与鸽、鹑对氨气反应,氨气允许浓度应以人的健康为准以不超过25毫克/千克为限,最适为10毫克/千克以下。

(二)硫化氢 同样对工作人员和鸽、鹑健康都有不良影响,可刺激神经系统,引起瞳孔收缩,心脏衰竭以及急性肺炎和肺水肿。硫化氢还可与血红素中的铁结合,使血红素失去结合氧的能力,导致组织缺氧,因此在较低硫化氢长期作用下,鸽、鹑机体体质变弱,抗病能力下降,同时易发生结膜炎、呼吸道黏膜炎和肠胃炎等。鸽、鹑舍内硫化氢浓度,仍应以人的健康为准不宜超过4毫克/千克。

(三)一氧化碳 空气中一氧化碳的浓度和接触时间,是决定危害程度的主要因素,工作人员和鸽鹑长期在高浓度一氧化碳环境中活动和生存,都可导致中毒。一氧化碳浓度为47毫克/千克时,使人轻度头疼,94毫克/千克导致中度头疼、晕眩。234毫克/千克时严重头疼和晕眩。466毫克/千克时出现恶心、呕吐和虚脱。900毫克/千克以上即昏迷,甚至死亡。动物试验表明,一氧化碳至 500 毫克/千克时，短时即可引起急性中毒。一氧化碳与舍内燃烧加热有关，一氧化碳中毒常发生在冬季。

冬季为了保温紧闭门窗，夏季鸽、鹑饮水倍增，粪便较稀，都可能造成鸽、鹑舍有害气体气含量增加。加强管理，合理调整饲养密度，降低舍内湿度，及时清扫鸽、鹑舍，勤除粪便，加强通风换气是降低舍内有害气体浓度的有效方法。

（四）微生物和粉尘　空气中夹杂着大量的水滴和灰尘，微生物附在其上而生存，若为病原微生物则危害较大。鸽、鹑舍内湿度较大，灰尘又多，微生物来源也多，且空气流动缓慢，没有紫外线照射，因而舍内空气中微生物的含量远远大于大气。有人在鸡舍观察发现，空气中 1 克尘埃中含有大肠杆菌 20 万～250 万个，这些微生物通过空气被吸入呼吸道，侵入黏膜会引起多种疾病。

鸽、鹑群的饲养方式，饲养密度等不同，舍内空气中灰尘和微生物数量也不相同，干粉饲料饲喂方式、持续照明、厚垫草、密集饲养等，舍内灰尘及细菌数量均较多。

第四节　减少应激，增强饲喂效果

能够引起鸽、鹑应激的因子称为应激因子，一切能引起鸽、鹑非特异性体态反应的外界不利因子，都是应激因子。过度拥挤、捕捉、转群、运输、天气骤变、暑热、寒冷、更换饲养人员、外来参观、饲料突然改变、缺料断水、免疫注射、异常声响等异常的外界因素，对鸽、鹑都是一种应激因子。

一、应激的分类

（一）根据性质分类　根据对机体刺激的性质可分为心理应激和生理应激两类。

1.心理应激　指应激因子对神经系统的刺激产生一系列应

激,这类应激属于心理应激,例如恐惧、兴奋、颤抖和神经紧张等,表现多为神经症状。由于它对神经系统发生影响,故十分重要。

2. 生理应激　在畜牧业生产中生理应激十分频繁,各种应激因子作用于机体后多产生生理应激,如内分泌失调、疾病、产乳下降、拒食、产蛋量和品质下降等,上述多属这类应激。

两者不可截然分开,因为有机体是统一的,心理应激出现后常随之出现生理应激。

(二)根据来源分类　根据应激因子的来源又可分为三类。

1. 物理化学应激因子　包括空气中各种有害气体(如 NH_3、SO_2、SO_3、H_2S、NO、NO_2 等)、温度、湿度、光照、风、噪声、尘埃、鸽、鹌鹑舍结构(如地面、外围护结构、机械等)等几种。

2. 饲养管理性应激因子　有饲料、饲养技术、饮水、运动与调教、卫生管理措施、运输、预防接种、称重等。

3. 生物性应激因子　细菌、病毒、内外寄生虫、其他动植物、饲养密度、角斗、群体等级、啄斗顺序等。

二、应激的危害

当鸽、鹌鹑受到外界或体内某种或某些不正常的刺激时,鸽、鹌鹑即可引发应激,使之精神处于紧张状态,造成体内激素、酶类等分泌失调,代谢紊乱,某些必需营养素如蛋白质与盐类的排出增加,采食与饮水减少,鸽、鹌鹑生长受阻,种鸽、种鹌鹑停产或终止孵化,亲鸽停止哺喂乳鸽。应激还可降低对鸽、鹌鹑防疫系统起重大作用的一些激素活力,抗病力减弱,易于感染疾病。由此可见,应激会危害鸽、鹌鹑的健康和生产,显著降低饲养效果。应激因子愈多、愈强烈,对鸽、鹌鹑的危害愈大。例如,低温对鸽、鹌鹑引起的冷应激,若再加上高湿,产生的不良影响则会大大加剧;又如当鸽、鹌鹑体内只有很少量寄生虫时,鸽、鹌鹑的产蛋基本不受影响;当寄生虫大量繁殖时,则可从鸽、鹌鹑体内吸取大量营养物质,导致鸽、鹌鹑贫血,如果此时舍内温度偏高,鸽、鹑难以耐受,就可能生病或停产。

三、防止应激的途径

（一）**为鸽、鹑创造良好的生活条件**　当饲养密度过大而料槽、水槽又不足时,鸽、鹑会因抢料、争饮、发生啄斗等现象,特别是在密度过大,饲养面积不足的鸽、鹑舍,胆小的鸽、鹑畏惧受啄,难以食饱饮足。所以饲养密度应适宜。

（二）**防止热应激**　鸽、鹑舍温度过高,鸽、鹑靠排放肺与气囊的水气进行蒸发散热,舍内温度超过 30℃,散热受阻,体温升高即可发生热应激,炎热夏季应及时采取预防措施。

1. 加强舍内降温　例如,对进入的空气进行热交换能有助于热天降温。用风扇将舍外空气通过湿帘吸入舍内而降温;还可在舍内采用喷雾降温;通过夜间降温而改变白天的温度;避免空气相对湿度过高(不超过 50％～60％);降低饲养密度,提供充足的清洁凉爽的饮水。

2. 调整饲粮浓度　天热鸽、鹑采食量下降,应提高饲粮主要营养物质的浓度。保证饲料质量,不喂霉变、陈旧的饲料。

3. 加喂益生菌　可减缓应激时消化道紊乱的状况。

4. 添加电解质　于饲粮或饮水中添加电解质 常用的电解质有碳酸氢钠、氯化铵、氯化钾等。

5. 中草药添加剂　在饲粮中添加一些抗热应激的中草药,主要包括调节体温中枢的抗热应激添加剂,如柴胡、石膏、黄芩等;抗惊厥的钩藤、菖蒲、僵蚕、地龙等;镇静催眠的延胡索、酸枣仁、朱砂等;调节代谢的海藻、党参、五味子、麦冬等;调节中枢神经功能的刺五加、五味子、人参等;增强及调节免疫功能的黄芪、党参、大枣、淫羊藿、补骨脂、白花蛇等;类似激素作用的中草药,如人参、黄芪、刺五加、甘草、猪苓、生地等。

6. 添加有机酸　在鸽、鹑饲粮里添加一些参与代谢的物质,如维生素 C、延胡酸、苹果酸、氨基酸等,对缓解热应激有一定效果。

(三)防止冷应激 严寒的冬季特别是在高湿环境下,鸽、鹑极易引发冷应激,应加强防寒保暖,适当增加饲养密度。

(四)清洁卫生 保持饲养环境的清洁卫生,勤除粪便,可减少舍内粉尘和微生物的含量,使各种有害气体保持在允许的标准范围内,防止各种病原微生物对鸽、鹑的侵袭。

(五)进行各种操作应细心 在对鸽、鹑进行接种、淘汰和转群时,尽量安排在气温比较适中的时间,并群宜在夜间。捕捉鸽、鹑时要轻拿轻放,捉腿,不捉翅或头颈,以避免损伤鸽、鹑或造成严重应激。

(六)防止惊群 鸽、鹑均属神经敏感型家禽,对噪声十分敏感,尽量避免在鸽、鹑舍内外产生异常的声响与光影。进舍后用鸽、鹑习惯的声音与手势先给鸽、鹑信号,使鸽、鹑保持安静。

第五节 肉鸽与鹌鹑场的卫生管理与饲喂效果

自然界存在着大量的致病微生物,尤其使用年限较长的鸽、鹑场,病原微生物和寄生虫等相对较多,鸽、鹑患病也比较多。搞好环境卫生与消毒工作,可极大减少或扑灭环境中的病原体,中断传播途径,减少鸽、鹑的感染机会,从而有效地减少并控制疾病的发生与流行,确保健康养殖顺利实施,提高饲养效果。

一、坚持预防为主,防重于治,以检保防的防制方针

鸽、鹑养殖场必须坚持预防为主,防重于治,以检保防的综合防制方针。种鸽、鹑养殖场严格与外界隔离,对进场的种鸽、鹑应严格实施检疫,并进行隔离观察 15 天,确认无病后始能进场。

(一)制定预防保健程序 要求根据饲养地鸽、鹑的疫病流行状况,制定好鸽、鹑的预防保健程序,并严格按程序做好鸽、鹑群体

的保健。对整个饲养过程中的预防保健情况要进行详细的记录，建立档案，观察保健效果。鸽、鹑发病，要及时查找原因，分析病情，采取措施及时救治，若怀疑为传染性疾病，在发病初期，即使只有少数鸽、鹑发病，也应考虑对全群鸽、鹑采取紧急预防保健措施。临近出栏的鸽、鹑发病用药后，要遵守国家对食用动物休药期的规定，视所用药物种类在鸽、鹑场延长一定饲养时间，达到规定的休药时间要求。

（二）建立严格的防疫制度　针对鸽、鹑常发病、多发病以及流行病的特点，遵照预防为主的精神，制订一套科学的、行之有效的疫病防治方案和免疫程序，降低发病率和死亡率。按免疫程序的要求定时对种鸽、鹑，商品鸽、鹑进行预防注射，避免防疫接种及预防用药的随意性，并做好防疫记录；严禁从疫区购进种鸽、鹑；建立兽医巡视报告制度，在基地内发现疫情应及时报告有关负责人，重大疫情必须及时报告当地兽防部门；定期驱除球虫、蛔虫、羽毛虱等内、外寄生虫。

二、"全进全出"的饲养工艺

将同一品种、同一日龄、同一批次、同一来源的鸽、鹑，同时引进饲养在同一饲养环境中，并固定饲养管理人员，采取统一的饲养管理技术，全群一次性出售或转群或淘汰。每批次饲养结束后鸽、鹑舍、场地、笼具等要进行彻底的清洗与消毒，并空置 2 周左右，再采用同一原则饲养另一批鸽、鹑。不要把不同来源、不同品种、不同日龄的鸽、鹑同舍饲养。这样不仅便于管理，还能阻断疫病在不同鸽、鹑群间的交互传播，大大减少疾病的流行。

三、严防疫病传播、强化消毒

（一）设置消毒池　鸽、鹑养殖场大门和各栋鸽、鹑舍门前都应设置消毒池，定期更换消毒液（5％来苏儿或 2％火碱），强化进场人员和车辆的消毒。每批鸽、鹌饲养结束后应对鸽、鹌舍进行彻底清洗和消毒。

(二)工作人员的消毒　饲养员进场前应用紫外线照射消毒，更换工作衣、帽、鞋。有条件的鸽、鹌场应在入口处设置淋浴，进场前淋浴、消毒。

(三)严禁串岗　各岗位工作人员严禁互相串岗，饲养员要固定岗位，不得在各舍间互相走动。饲喂和清洁用具按栋固定使用。

(四)严防其他禽类传播疫病　生产区、行政管理区严禁饲养其他家禽和鸟类。不得从场外购买禽肉、禽蛋。

(五)谢绝参观　特殊情况下需经批准，并淋浴更衣方可入内参观。

四、搞好环境卫生

(一)保证水源卫生　不饮用场外受污染的河水、井水、池塘水，鸽、鹌用水质必须符合卫生要求。若无自来水，有条件的鸽、鹌场可自建水塔，并经管道通入鸽、鹌舍。

(二)良好的空气环境　保持鸽、鹌舍合适的温、湿度及清新的空气。

(三)定期消毒　饲养期内要定期"带鸽、鹌消毒"。

1. 过氧乙酸消毒　每立方米用 0.3％过氧乙酸 30 毫升喷雾消毒。每 3～7 天 1 次。

2. 杀特灵消毒　每立方米用 1∶200 浓度的"杀特灵"30 毫升喷雾消毒。每 10 天 1 次。

(四)妥善处理　病鸽、鹌，死鸽、鹌及时剖检后，焚烧或深埋处理。

(五)定期除四害　定期灭蚊、蝇和鼠等，严防飞禽传播疫病。地面平养的鸽、鹌要定期驱虫。

(六)净污道分行　鸽、鹌场生产区"净道"和"污道"分开，污物走"污道"，饲料、产品及工作人员走"净道"。

（七）定期治理脏、乱、差　每日定时清扫圈舍，及时清除粪便，定期整治环境和污水排放综合处理系统。

（八）观察鸽、鹑动态　时时注意观察鸽、鹑的精神状态、行走姿势、采食、饮水、声音等情况及外表病变，发现有无异常情况，及时报告兽医。

五、制定严格的封锁措施

发生传染性疾病，应将鸽、鹑分成病鸽、鹑、可疑病鸽、鹑和假定健康鸽、鹑，将不同鸽、鹑分别后区别对待。

对出现明显临床症状并检查确诊为传染病的病鸽、鹑，集中隔离在原来场所，经彻底消毒处理后由专人饲养、治疗和观察。健康鸽、鹑可转移至安全鸽、鹑舍饲养，但不能与其他健康鸽、鹑同舍饲养。烈性传染病或无治疗价值的病鸽、鹑应及时淘汰处理，屠宰后深埋或焚烧。封锁隔离期间工作人员不得外出，严禁接触其他鸽、鹑和人员，及时将疫情报告当地畜牧兽医部门。

六、建立切实可行的制度

（一）确立定期巡查制度　通过制度建设保证饲养员能按时观察鸽、鹑群体状况，及时反馈信息；实施封闭管理制度，禁止无关人员随便进出鸽、鹑养殖场；建立兽药档案制度，确保使用的兽药是从正规渠道购进、由正规厂家生产的合格兽药，确保按规定使用兽药；落实健康体检制度，保证饲养管理人员身体健康，防止人畜共患传染病通过人体携带进场。

（二）评估检测　定期对鸽、鹑群体进行健康检测，对环境条件、管理制度进行安全检查和评估，认真查找安全隐患，检查出已经携带病原的个体后，必须进行隔离治疗和保健护理，及时调整饲养管理制度和免疫预防措施，给鸽、鹑一个健康生活、安全生活的绿色屏障。

附 录

附表 1 饲料营养成分表

序号 NO	中国饲料号 CFN	饲料名称 Feed Name	干物质 DM(%)	粗蛋白质 CP(%)	粗脂肪 EE(%)	粗纤维 CF(%)	无氮浸出物 NFE(%)	粗灰分 Ash(%)	中洗纤维 NDF(%)	酸洗纤维 ADF(%)	钙 Ca(%)	磷 P(%)	非植酸磷 N-Phy-P(%)
1	4-07-0278	玉米	86.0	9.4	3.1	1.2	71.1	1.2	9.4	3.5	0.02	0.27	0.12
2	4-07-0288	玉米	86.0	8.5	5.3	2.6	67.3	1.3	9.4	3.5	0.16	0.25	0.09
3	4-07-0279	玉米	86.0	8.7	3.6	1.6	70.7	1.4	9.3	2.7	0.02	0.27	0.12
4	4-07-0280	玉米	86.0	7.8	3.5	1.6	71.8	1.3	7.9	2.6	0.02	0.27	0.12
5	4-07-0272	高粱	86.0	9.0	3.4	1.4	70.4	1.8	17.4	8.0	0.13	0.36	0.17
6	4-07-0270	小麦	87.0	13.9	1.7	1.9	67.6	1.9	13.3	3.9	0.17	0.41	0.13
7	4-07-0274	大麦(裸)	87.0	13.0	2.1	2.0	67.7	2.2	10.0	2.2	0.04	0.39	0.21
8	4-07-0277	大麦(皮)	87.0	11.0	1.7	4.8	67.1	2.4	18.4	6.8	0.09	0.33	0.17
9	4-07-0281	黑麦	88.0	11.0	1.5	2.2	71.5	1.8	12.3	4.6	0.05	0.30	0.11
10	4-07-0273	稻谷	86.0	7.8	1.6	8.2	63.8	4.6	27.4	28.7	0.03	0.36	0.20
11	4-07-0276	糙米	87.0	8.8	2.0	0.7	74.2	1.3	13.9	—	0.03	0.35	0.15
12	4-07-0275	碎米	88.0	10.4	2.2	1.1	72.7	1.6	1.6	—	0.06	0.35	0.15
13	4-07-0479	粟(谷子)	86.5	9.7	2.3	6.8	65.0	2.7	15.2	13.3	0.12	0.30	0.11

续附表 1

序号 NO	中国饲料号 CFN	饲料名称 Feed Name	干物质 DM(%)	粗蛋白质 CP(%)	粗脂肪 EE(%)	粗纤维 CF(%)	无氮浸出物 NFE(%)	粗灰分 Ash(%)	中洗纤维 NDF(%)	酸洗纤维 ADF(%)	钙 Ca(%)	磷 P(%)	非植酸磷 N-Phy-P(%)
14	4-04-0067	木薯干	87.0	2.5	0.7	2.5	79.4	1.9	8.4	6.4	0.27	0.09	—
15	4-04-0068	甘薯干	87.0	4.0	0.8	2.8	76.4	3.0	—	—	0.19	0.02	—
16	4-08-0104	饮粉	88.0	15.4	2.2	1.5	67.1	1.5	18.7	4.3	0.08	0.48	0.14
17	4-08-0105	饮粉	87.0	13.6	2.1	2.8	66.7	1.8	31.8	10.5	0.08	0.48	0.14
18	4-08-0069	小麦麸	87.0	15.7	3.9	6.5	56.0	4.9	37.0	13.0	0.11	0.92	0.24
19	4-08-0070	小麦麸	87.0	14.3	4.0	6.8	57.1	4.8	—	—	0.10	0.93	0.24
20	4-08-0041	米糠	87.0	12.8	16.5	5.7	44.5	7.5	22.9	13.4	0.07	1.43	0.10
21	4-10-0025	米糠饼	88.0	14.7	9.0	7.4	48.2	8.7	27.7	11.6	0.14	1.69	0.22
22	4-10-0018	米糠粕	87.0	15.1	2.0	7.5	53.6	8.8	—	—	0.15	1.82	0.24
23	5-09-0127	大豆	87.0	35.5	17.3	4.3	25.7	4.2	7.9	7.3	0.27	0.48	0.30
24	5-09-0128	全脂大豆	88.0	35.5	18.7	4.6	25.2	4.0	—	—	0.32	0.40	0.25
25	5-10-0241	大豆饼	89.0	41.8	5.8	4.8	30.7	5.9	18.1	15.5	0.31	0.50	0.25
26	5-10-0103	大豆粕	89.0	47.9	1.5	3.3	29.7	4.9	8.8	5.3	0.34	0.65	0.19

续附表 1

序号 NO	中国饲料号 CFN	饲料名称 Feed Name	干物质 DM(%)	粗蛋白质 CP(%)	粗脂肪 EE(%)	粗纤维 CF(%)	无氮浸出物 NFE(%)	粗灰分 Ash(%)	中洗纤维 NDF(%)	酸洗纤维 ADF(%)	钙 Ca(%)	磷 P(%)	非植酸磷 N-Phy-P (%)
27	5-10-0102	大豆粕	89.0	44.2	1.9	5.9	28.3	6.1	13.6	9.6	0.33	0.62	0.18
28	5-10-0118	棉籽饼	88.0	36.3	7.4	12.5	26.1	5.7	32.1	22.9	0.21	0.83	0.28
29	5-10-0119	棉籽粕	90.0	47.0	0.5	10.2	26.3	6.0	22.5	15.3	0.25	1.10	0.38
30	5-10-0117	棉籽饼	90.0	43.5	0.5	10.5	28.9	6.6	28.4	19.4	0.28	1.04	0.36
31	5-10-0220	棉籽蛋白	92.0	51.1	1.0	6.9	27.3	5.7	—	—	0.29	0.89	0.29
32	5-10-0183	菜籽饼	88.0	35.7	7.4	11.4	26.3	7.2	33.3	26.0	0.59	0.96	0.33
33	5-10-0121	菜籽粕	88.0	38.6	1.4	11.8	28.9	7.3	20.7	16.8	0.65	1.02	0.35
34	5-10-0116	花生仁饼	88.0	44.7	7.2	5.9	25.1	5.1	14.0	8.7	0.25	0.53	0.31
35	5-10-0115	花生仁粕	88.0	47.8	1.4	6.2	27.2	5.4	15.5	11.7	0.27	0.56	0.33
36	5-10-0031	向日葵仁饼	88.0	29.0	2.9	20.4	31.0	4.7	41.4	29.6	0.24	0.87	0.13
37	5-10-0242	向日葵仁粕	88.0	36.5	1.0	10.5	34.4	5.6	14.9	13.6	0.27	1.13	0.17
38	5-10-0243	向日葵仁粕	88.0	33.6	1.0	14.8	38.8	5.3	32.8	23.5	0.26	1.03	0.16
39	5-10-0119	亚麻仁饼	88.0	32.2	7.8	7.8	34.0	6.2	29.7	27.1	0.39	0.88	0.38

续附表 1

序号 NO	中国饲料号 CFN	饲料名称 Feed Name	干物质 DM(%)	粗蛋白质 CP(%)	粗脂肪 EE(%)	粗纤维 CF(%)	无氮浸出物 NFE(%)	粗灰分 Ash(%)	中洗纤维 NDF(%)	酸洗纤维 ADF(%)	钙 Ca(%)	磷 P(%)	非植酸磷 N-Phy-P(%)
40	5-10-0120	亚麻仁粕	88.0	34.8	1.8	8.2	36.6	6.6	21.6	14.4	0.42	0.95	0.42
41	5-10-0246	芝麻饼	92.0	39.2	10.3	7.2	24.9	10.4	18.0	13.2	2.24	1.19	0.22
42	5-11-0001	玉米蛋白粉	90.1	63.5	5.4	1.0	19.2	1.0	8.7	4.6	0.07	0.44	0.17
43	5-11-0002	玉米蛋白粉	91.2	51.3	7.8	2.1	28.0	2.0	10.1	7.5	0.06	0.42	0.16
44	5-11-0008	玉米蛋白粉	89.9	44.3	6.0	1.6	37.1	0.9	29.1	8.2	0.12	0.50	0.18
45	5-11-0003	玉米蛋白饲料	88.0	19.3	7.5	7.8	48.0	5.4	33.6	10.5	0.15	0.70	—
46	4-10-0026	玉米胚芽饼	90.0	16.7	9.6	6.3	50.8	6.6	—	—	0.04	1.45	—
47	4-10-0244	玉米胚芽粕	90.0	20.8	2.0	6.5	54.8	5.9	—	—	0.06	1.23	—
48	5-11-0007	DDGS	90.0	28.3	13.7	7.1	36.8	4.1	38.7	15.3	0.20	0.74	0.42
49	5-11-0009	蚕豆粉浆蛋白粉	88.0	66.3	4.7	4.1	10.3	2.6	—	—	—	0.59	—
50	5-11-0004	麦芽根	89.7	28.3	1.4	12.5	41.4	6.1	—	—	0.22	0.73	—

续附表 1

序号 NO	中国饲料号 CFN	饲料名称 Feed Name	干物质 DM(%)	粗蛋白质 CP(%)	粗脂肪 EE(%)	粗纤维 CF(%)	无氮浸出物 NFE(%)	粗灰分 Ash(%)	中洗纤维 NDF(%)	酸洗纤维 ADF(%)	钙 Ca(%)	磷 P(%)	非植酸磷 N-Phy-P(%)
51	5-13-0044	鱼粉(CP64.5%)	90.0	64.5	5.6	0.5	8.0	11.4	—	—	3.81	2.83	2.83
52	5-13-0045	鱼粉(CP62.5%)	90.0	62.5	4.0	0.5	10.0	12.3	—	—	3.96	3.05	3.05
53	5-13-0046	鱼粉(CP60.2%)	90.0	60.2	4.9	0.5	11.6	12.8	10.8	1.8	4.04	2.90	2.90
54	5-13-0077	鱼粉(CP53.5%)	90.0	53.5	10.0	0.8	4.9	20.8	—	—	5.88	3.20	3.20
55	5-13-0036	血粉	88.0	82.8	0.4	0.0	1.6	3.2	9.8	1.8	0.29	0.31	0.31
56	5-13-0037	羽毛粉	88.0	77.9	2.2	0.7	1.4	5.8	40.5	14.7	0.20	0.68	0.68
57	5-13-0038	皮革粉	88.0	74.7	0.8	1.6	0.0	10.9	—	—	4.40	0.15	0.15
58	5-13-0047	肉骨粉	93.0	50.0	8.5	2.5	0.0	31.7	32.5	5.6	9.2	4.70	4.70
59	5-13-0048	肉粉	94.0	54.0	12.0	1.4	4.3	22.3	31.6	8.3	7.69	3.88	—
60	1-05-0074	苜蓿草粉	87.0	19.1	2.3	22.7	35.3	7.6	36.7	25.0	1.40	0.51	0.51
61	1-05-0075	苜蓿草粉	87.0	17.2	2.6	25.6	33.3	8.3	39.0	28.6	1.52	0.22	0.22

续附表 1

序号 NO	中国饲料号 CFN	饲料名称 Feed Name	干物质 DM(%)	粗蛋白质 CP(%)	粗脂肪 EE(%)	粗纤维 CF(%)	无氮浸出物 NFE(%)	粗灰分 Ash(%)	中洗纤维 NDF(%)	酸洗纤维 ADF(%)	钙 Ca(%)	磷 P(%)	非植酸磷 N-Phy-P(%)
62	1-05-0076	苜蓿草粉	87.0	14.3	2.1	29.8	33.8	10.1	36.8	2.9	1.34	0.19	0.19
63	5-11-0005	啤酒糟	88.0	24.3	5.3	13.4	40.8	4.2	39.4	24.6	0.32	0.42	0.14
64	7-15-0001	啤酒酵母	91.7	52.4	0.4	0.6	33.6	4.7	—	—	0.16	1.02	—
65	4-13-0075	乳清粉	94.0	12.0	0.7	0.0	71.6	9.7	0.0	0.0	0.87	0.79	0.79
66	5-01-0162	酪蛋白	91.0	88.7	0.8	—	—	—	0.0	0.0	0.63	01.01	0.82
67	5-14-0503	明胶	90.0	88.6	0.5	—	—	—	—	—	0.49	—	—
68	4-06-0076	牛奶乳糖	96.0	4.0	0.5	0.0	83.5	8.0	0.0	0.0	0.52	0.62	0.62
69	4-06-0077	乳糖	96.0	0.3	—	—	95.7	—	0.0	0.0	—	—	—
70	4-06-0078	葡萄糖	90.0	0.3	—	—	89.7	—	0.0	0.0	—	—	—
71	4-06-0079	蔗糖	99.0	0.0	0.0	—	—	—	0.0	0.0	0.04	0.01	0.01
72	4-02-0889	玉米淀粉	99.0	0.3	0.2	—	—	—	0.0	0.0	0.0	0.03	0.01
73	4-17-0001	油脂	99.0	0.0	≥98	0.0	—	—	0.0	00.0	0.0	0.0	0.0
74	4-17-0002	猪油	99.0	0.0	≥98	0.0	—	—	0.0	0.0	0.0	0.0	0.0

续附表 1

序号 NO	中国饲料号 CFN	饲料名称 Feed Name	干物质 DM(%)	粗蛋白质 CP(%)	粗脂肪 EE(%)	粗纤维 CF(%)	无氮浸出物 NFE(%)	粗灰分 Ash(%)	中洗纤维 NDF(%)	酸洗纤维 ADF(%)	钙 Ca(%)	磷 P(%)	非植酸磷 N-Phy-P(%)
75	4-17-0003	家禽脂肪	99.0	0.0	≥98	0.0	—	—	0.0	0.0	0.0	0.0	0.0
76	4-17-0004	鱼油	99.0	0.0	≥98	0.0	—	—	0.0	0.0	0.0	0.0	0.0
77	4-17-0005	菜籽油	99.0	0.0	≥98	0.0	—	—	0.0	0.0	0.0	0.0	0.0
78	4-17-0006	椰子油	99.0	0.0	≥98	0.0	—	—	0.0	0.0	0.0	0.0	0.0
79	4-17-0007	玉米油	99.0	0.0	≥98	0.0	—	—	0.0	0.0	0.0	0.0	0.0
80	4-17-0008	棉籽油	99.0	0.0	≥98	0.0	—	—	0.0	0.0	0.0	0.0	0.0
81	4-17-0009	棕榈油	99.0	0.0	≥98	0.0	—	—	0.0	0.0	0.0	0.0	0.0
82	4-17-0010	花生油	99.0	0.0	≥98	0.0	—	—	0.0	0.0	0.0	0.0	0.0
83	4-17-0011	芝麻油	99.0	0.0	≥98	0.0	—	—	0.0	0.0	0.0	0.0	0.0
84	4-17-0012	大豆油	99.0	0.0	≥98	0.0	—	—	0.0	0.0	0.0	0.0	0.0
85	4-17-0013	葵花油	99.0	0.0	≥98	0.0	—	—	0.0	0.0	0.0	0.0	0.0

附表 2　饲料氨基酸含量

序号 No	中国饲料号 CFN	饲料名称 Feed Name	干物质 DM(%)	粗蛋白质 CP(%)	精氨酸 Arg(%)	组氨酸 His(%)	异亮氨酸 Ile(%)	亮氨酸 Leu(%)	赖氨酸 Lys(%)	蛋氨酸 Met(%)	胱氨酸 Cys(%)	苯丙氨酸 Phe(%)	酪氨酸 Tys(%)	苏氨酸 Thr(%)	色氨酸 Trp(%)	缬氨酸 Val(%)
1	4-07-0278	玉米	86.0	9.4	0.38	0.23	0.26	1.03	0.26	0.19	0.22	0.43	0.34	0.31	0.08	0.40
2	4-07-0288	玉米	86.0	8.5	0.50	0.29	0.27	0.74	0.36	0.15	0.18	0.37	0.28	0.30	0.08	0.46
3	4-07-0279	玉米	86.0	8.7	0.39	0.21	0.25	0.93	0.24	0.18	0.20	0.41	0.33	0.30	0.07	0.38
4	4-07-0280	玉米	86.0	7.8	0.37	0.20	0.24	0.93	0.23	0.15	0.15	0.38	0.31	0.29	0.06	0.35
5	4-07-0272	高粱	86.2	9.0	0.33	0.18	0.35	1.08	0.18	0.17	0.12	0.45	0.32	0.26	0.08	0.44
6	4-07-0270	小麦	87.0	13.9	0.58	0.27	0.44	0.80	0.30	0.25	0.24	0.58	0.37	0.33	0.15	0.56
7	4-07-0274	大麦(裸)	87.0	13.0	0.64	0.16	0.43	0.87	0.44	0.14	0.25	0.68	0.40	0.43	0.16	0.63
8	4-07-0277	大麦(皮)	87.0	11.0	0.65	0.24	0.52	0.91	0.42	0.18	0.18	0.59	0.35	0.41	0.12	0.64
9	4-07-0281	黑麦	88.0	11.0	0.50	0.25	0.40	0.64	0.37	0.16	0.25	0.49	0.26	0.34	0.12	0.52
10	4-07-0273	稻谷	86.0	7.8	0.57	0.15	0.32	0.58	0.29	0.19	0.16	0.40	0.37	0.25	0.10	0.47
11	4-07-0276	糙米	87.0	8.8	0.65	0.17	0.30	0.61	0.32	0.20	0.14	0.35	0.31	0.28	0.12	0.49
12	4-07-0275	碎米	88.0	10.4	0.78	0.27	0.39	0.74	0.24	0.22	0.17	0.49	0.39	0.38	0.12	0.57
13	4-07-0479	粟(谷子)	86.5	9.7	0.30	0.20	0.36	1.15	0.15	0.25	0.20	0.49	0.26	0.35	0.17	0.42

续附表 2

序号 No	中国饲料号 CFN	饲料名称 Feed Name	干物质 DM(%)	粗蛋白质 CP(%)	精氨酸 Arg(%)	组氨酸 His(%)	异亮氨酸 Ile(%)	亮氨酸 Leu(%)	赖氨酸 Lys(%)	蛋氨酸 Met(%)	胱氨酸 Cys(%)	苯丙氨酸 Phe(%)	酪氨酸 Tys(%)	苏氨酸 Thr(%)	色氨酸 Trp(%)	缬氨酸 Val(%)
14	4-04-0067	木薯干	87.0	2.5	0.40	0.05	0.11	0.15	0.13	0.05	0.04	0.10	0.04	0.10	0.03	0.13
15	4-04-0068	甘薯干	87.0	4.0	0.16	0.08	0.17	0.26	0.16	0.06	0.08	0.19	0.13	0.18	0.05	0.27
16	4-08-0104	次粉	88.0	15.4	0.86	0.41	0.55	1.06	0.59	0.23	0.37	0.66	0.46	0.50	0.21	0.72
17	4-08-0105	次粉	87.0	13.6	0.85	0.33	0.48	0.98	0.52	0.16	0.33	0.63	0.45	0.50	0.18	0.68
18	4-08-0069	小麦麸	87.0	15.7	0.97	0.39	0.46	0.81	0.58	0.13	0.26	0.58	0.28	0.43	0.20	0.63
19	4-08-0070	小麦麸	87.0	14.3	0.88	0.35	0.42	0.74	0.53	0.12	0.24	0.53	0.25	0.39	0.18	0.57
20	4-08-0041	米糠	87.0	12.8	1.06	0.39	0.63	1.00	0.74	0.25	0.19	0.63	0.50	0.48	0.14	0.81
21	4-10-0025	米糠饼	88.0	14.7	1.19	0.43	0.72	1.06	0.66	0.26	0.30	0.76	0.51	0.53	0.15	0.99
22	4-10-0018	米糠粕	87.0	15.1	1.28	0.46	0.78	1.30	0.72	0.28	0.32	0.82	0.55	0.57	0.17	1.07
23	5-09-0127	大豆	87.0	35.5	2.57	0.59	1.28	2.72	2.20	0.56	0.70	1.42	0.64	1.41	0.45	1.50
24	5-09-0128	全脂大豆	88.0	35.5	2.63	0.63	1.32	2.68	2.37	0.55	0.76	1.39	0.67	1.42	0.49	1.53
25	5-10-0241	大豆饼	89.0	41.8	2.53	1.10	1.57	2.75	2.43	0.60	0.62	1.79	1.53	1.44	0.64	1.70
26	5-10-0103	大豆粕	89.0	47.9	3.43	1.22	2.10	3.57	2.99	0.68	0.73	2.33	1.57	1.85	0.65	2.26

续附表 2

序号 No	中国饲料号 CFN	饲料名称 Feed Name	干物质 DM(%)	粗蛋白质 CP(%)	精氨酸 Arg(%)	组氨酸 His(%)	异亮氨酸 Ile(%)	亮氨酸 Leu(%)	赖氨酸 Lys(%)	蛋氨酸 Met(%)	胱氨酸 Cys(%)	苯丙氨酸 Phe(%)	酪氨酸 Tys(%)	苏氨酸 Thr(%)	色氨酸 Trp(%)	缬氨酸 Val(%)
27	5-10-0102	大豆粕	89.0	44.2	3.38	1.17	1.99	3.35	2.68	0.59	0.65	2.21	1.47	1.71	0.57	2.09
28	5-10-0118	棉籽粕	88.0	36.3	3.94	0.90	1.16	2.07	1.40	0.41	0.70	1.88	0.95	1.14	0.39	1.51
29	5-10-0119	棉籽粕	88.0	47.0	4.98	1.26	1.40	2.67	2.13	0.56	0.66	2.43	1.11	1.35	0.54	2.05
30	5-10-0117	棉籽粕	90.0	43.5	4.65	1.19	1.29	2.47	1.97	0.58	0.68	2.28	1.05	1.25	0.51	1.91
31	5-10-0220	棉籽蛋白	92.0	51.1	6.08	1.58	1.72	3.13	2.26	0.86	1.04	2.94	1.42	1.60	—	2.48
32	5-10-0183	菜籽粕	88.0	35.7	1.82	0.83	1.24	2.26	1.33	0.60	0.82	1.35	0.92	1.40	0.24	1.62
33	5-10-0121	菜籽饼	88.0	38.6	1.83	0.86	1.29	2.34	1.30	0.36	0.87	1.45	0.97	1.49	0.43	1.74
34	5-10-0116	花生仁饼	88.0	44.7	4.60	0.83	1.18	2.36	1.32	0.39	0.38	1.81	1.31	1.05	0.42	1.28
35	5-10-0115	花生仁粕	88.0	47.8	4.88	0.88	1.25	2.50	1.40	0.41	0.40	1.92	1.39	1.11	0.45	1.36
36	5-10-0031	向日葵仁粕	88.0	29.0	2.44	0.62	1.19	1.76	0.96	0.59	0.43	1.21	0.77	0.98	0.28	1.35
37	5-10-0242	向日葵仁粕	88.0	36.5	3.17	0.81	1.51	2.25	1.22	0.72	0.62	1.56	0.99	1.25	0.47	1.72
38	5-10-0243	向日葵仁粕	88.0	33.6	2.89	0.74	1.39	2.07	1.13	0.69	0.50	1.43	0.91	1.14	0.37	1.58
39	5-10-0119	亚麻仁饼	88.0	32.2	2.35	0.51	1.15	1.62	0.73	0.46	0.48	1.32	0.50	1.00	0.48	1.44

续附表 2

序号 No	中国饲料号 CFN	饲料名称 Feed Name	干物质 DM(%)	粗蛋白质 CP(%)	精氨酸 Arg(%)	组氨酸 His(%)	异亮氨酸 Ile(%)	亮氨酸 Leu(%)	赖氨酸 Lys(%)	蛋氨酸 Met(%)	胱氨酸 Cys(%)	苯丙氨酸 Phe(%)	酪氨酸 Tyr(%)	苏氨酸 Thr(%)	色氨酸 Trp(%)	缬氨酸 Val(%)
40	5-10-0120	亚麻仁粕	88.0	34.8	3.59	0.64	1.33	1.85	1.16	0.55	0.55	1.51	0.93	1.10	0.70	1.51
41	5-10-0246	芝麻饼	92.0	39.2	2.38	0.81	1.42	2.52	0.82	0.82	0.75	1.68	1.02	1.29	0.49	1.84
42	5-11-0001	玉米蛋白粉	90.1	63.5	1.90	1.18	2.85	11.59	0.97	1.42	0.96	4.10	3.19	2.08	0.36	2.98
43	5-11-0002	玉米蛋白粉	91.2	51.3	1.48	0.89	1.75	7.87	0.92	1.14	0.76	2.83	2.25	1.59	0.31	2.05
44	5-11-0008	玉米蛋白粉	89.9	44.3	1.31	0.78	1.63	7.08	0.71	1.04	0.65	2.61	2.03	1.38	—	1.84
45	5-11-0003	玉米蛋白饲料	88.0	19.3	0.77	0.56	0.62	1.82	0.63	0.29	0.33	0.70	0.50	0.68	0.14	0.93
46	4-10-0026	玉米胚芽饼	90.0	16.7	1.16	0.45	0.53	1.25	0.70	0.31	0.47	0.64	0.54	0.64	0.16	0.91
47	4-10-0224	玉米胚芽粕	90.0	20.8	1.51	0.62	0.77	1.54	0.75	0.21	0.28	0.93	0.66	0.68	0.18	1.66
48	5-11-0007	DDGS	90.0	28.3	0.98	0.59	0.98	2.63	0.59	0.59	0.39	1.93	1.37	0.92	0.19	1.30
49	5-11-0009	蚕豆粉浆蛋白粉	88.0	66.3	5.96	1.66	2.90	5.88	4.44	0.60	0.57	3.34	2.21	2.31	—	3.20
50	5-11-0004	麦芽根	89.7	28.3	1.22	0.54	1.08	1.58	1.30	0.37	0.26	0.85	0.67	0.96	0.42	1.44

续附表 2

序号 No	中国饲料号 CFN	饲料名称 Feed Name	干物质 DM(%)	粗蛋白质 CP(%)	精氨酸 Arg(%)	组氨酸 His(%)	异亮氨酸 Ile(%)	亮氨酸 Leu(%)	赖氨酸 Lys(%)	蛋氨酸 Met(%)	胱氨酸 Cys(%)	苯丙氨酸 Phe(%)	酪氨酸 Tys(%)	苏氨酸 Thr(%)	色氨酸 Trp(%)	缬氨酸 Val(%)
51	5-13-0044	鱼粉 (CP64.5%)	90.0	64.5	3.91	1.75	2.68	4.99	5.22	1.71	0.58	2.71	2.13	2.87	0.78	3.25
52	5-13-0045	鱼粉 (CP62.5%)	90.0	62.5	3.86	1.83	2.79	5.06	5.12	1.66	0.55	2.67	2.01	2.78	0.75	3.14
53	5-13-0046	鱼粉 (CP60.2%)	90.0	60.2	3.57	1.71	2.68	4.80	4.72	1.64	0.52	2.35	1.96	2.57	0.70	3.17
54	5-13-0077	鱼粉 (CP53.5%)	90.0	53.5	3.24	1.29	2.30	4.30	3.87	1.39	0.49	2.22	1.70	2.51	0.60	2.77
55	5-13-0036	血粉	88.0	82.8	2.99	4.40	0.75	8.38	6.67	0.74	0.98	5.23	2.55	2.86	1.11	6.08
56	5-13-0037	羽毛粉	88.0	77.9	5.30	0.58	4.21	6.78	1.65	0.59	2.93	3.57	1.79	3.51	0.40	6.05
57	5-13-0038	皮革粉	88.0	74.7	4.45	0.40	1.06	2.53	2.18	0.80	0.16	1.56	0.63	0.71	0.50	1.91
58	5-13-0047	肉骨粉	93.0	50.0	3.35	0.96	1.70	3.20	2.60	0.67	0.33	1.70	—	1.63	0.26	2.25
59	5-13-0048	肉粉	94.0	54.0	3.60	1.14	1.60	3.84	3.07	0.80	0.60	2.17	1.40	1.97	0.35	2.66
60	1-05-0074	苜蓿草粉 (CP19%)	87.0	19.1	0.78	0.39	0.68	1.20	0.82	0.21	0.22	0.82	0.58	0.74	0.43	0.91

续附表 2

序号 No	中国饲料号 CFN	饲料名称 Feed Name	干物质 DM(%)	粗蛋白质 CP(%)	精氨酸 Arg(%)	组氨酸 His(%)	异亮氨酸 Ile(%)	亮氨酸 Leu(%)	赖氨酸 Lys(%)	蛋氨酸 Met(%)	胱氨酸 Cys(%)	苯丙氨酸 Phe(%)	酪氨酸 Tys(%)	苏氨酸 Thr(%)	色氨酸 Trp(%)	缬氨酸 Val(%)
61	1-05-0075	苜蓿草粉 (CP17%)	87.0	17.2	0.74	0.32	0.66	1.10	0.81	0.20	0.16	0.81	0.54	0.69	0.37	0.85
62	1-05-0076	苜蓿草粉 (CP4%~15%)	87.0	14.3	0.61	0.19	0.58	1.00	0.60	0.18	0.15	0.59	0.38	0.45	0.24	0.58
63	5-11-0005	啤酒糟	88.0	24.3	0.98	0.51	1.18	1.08	0.72	0.52	0.35	2.35	1.17	0.81	—	1.66
64	7-15-0001	啤酒酵母	91.7	52.4	2.67	1.11	2.85	4.76	3.38	0.83	0.50	4.07	0.12	2.33	2.08	3.40
65	4-13-0075	乳清粉	94.0	12.0	0.40	0.20	0.90	1.20	1.10	0.20	0.30	0.40	—	0.80	0.20	0.70
66	5-01-0162	酪蛋白	91.0	88.7	3.26	2.82	4.66	8.79	7.35	2.70	0.41	4.79	4.77	3.98	1.14	6.10
67	5-14-0503	明胶	90.0	88.6	6.60	0.66	1.42	2.91	3.62	0.76	0.12	1.74	0.43	1.82	0.05	2.26
68	4-06-0076	牛奶乳糖	96.0	4.0	0.29	0.10	0.10	0.18	0.16	0.03	0.04	0.10	0.02	0.10	0.10	0.10

附表 3　饲料维生素含量

序号 No	中国饲料号 CFN	饲料名称 Feed Name	干物质 DM(%)	粗蛋白质 CP(%)	胡萝卜素 (毫克/千克)	维生素E (毫克/千克)	维生素B₁ (毫克/千克)	维生素B₂ (毫克/千克)	泛酸 (毫克/千克)	烟酸 (毫克/千克)	生物素 (毫克/千克)	叶酸 (毫克/千克)	胆碱 (毫克/千克)	维生素B₆ (毫克/千克)	维生素B₁₂ (微克/千克)	亚油酸 (%)
1	4-07-0278	玉米	86.0	9.4	—	22.0	3.5	1.1	5.0	24.0	0.06	0.15	620	10.00	—	2.20
2	4-07-0288	玉米	86.0	8.5	—	22.0	3.5	1.1	5.0	24.0	0.06	0.15	620	10.0	—	2.20
3	4-07-0279	玉米	86.0	8.7	0.8	22.0	2.6	1.1	3.9	21.0	0.08	0.12	620	10.0	0.0	2.20
4	4-07-0280	玉米	86.0	7.8	—	22.0	2.6	1.1	3.9	21.0	0.08	0.12	620	10.0	—	2.20
5	4-07-0272	高粱	86.0	9.0	—	7.0	3.0	1.3	12.4	41.0	0.26	0.20	668	5.20	0.0	1.13
6	4-07-0270	小麦	87.0	13.9	0.4	13.0	4.6	1.3	11.9	51.0	0.11	0.36	1040	3.70	0.0	0.59
7	4-07-0274	大麦(裸)	87.0	13.0	4.1	48.0	4.1	1.4	—	87.0	—	—	—	19.30	0.0	—
8	4-07-0277	大麦(皮)	87.0	11.0		20.0	4.5	1.8	8.0	55.0	0.15	0.07	990	4.00	0.0	0.83
9	4-07-0281	黑麦	88.0	11.0	—	15.0	3.6	1.5	8.0	16.0	0.06	0.60	440	2.60	0.0	0.76
10	4-07-0273	稻谷	86.0	7.8	—	16.0	3.1	1.2	3.7	34.0	0.08	0.45	900	28.00	0.0	0.28
11	4-07-0276	糙米	87.0	8.8	—	13.5	2.8	1.1	11.0	30.0	0.08	0.40	1014	—	0.0	—
12	4-07-0275	碎米	88.0	10.4	—	14.0	1.4	0.7	8.0	30.0	0.08	0.2	800	28.00	—	—
13	4-07-0479	粟(谷子)	86.5	9.7	1.2	36.3	6.6	1.6	7.4	53.0	—	15.0	790	—	—	0.84

续附表 3

序号 No	中国饲料号 CFN	饲料名称 Feed Name	干物质 DM(%)	粗蛋白质 CP(%)	胡萝卜素 (毫克/千克)	维生素E (毫克/千克)	维生素B₁ (毫克/千克)	维生素B₂ (毫克/千克)	泛酸 (毫克/千克)	烟酸 (毫克/千克)	生物素 (毫克/千克)	叶酸 (毫克/千克)	胆碱 (毫克/千克)	维生素B₆ (毫克/千克)	维生素B₁₂ (毫克/千克)	亚油酸 (%)
14	4-04-0067	木薯干	87.0	2.5	—	—	—	—	—	—	—	—	—	—	—	—
15	4-04-0068	甘薯干	87.0	4.0	—	—	—	—	—	—	—	—	—	—	—	—
16	4-08-0104	次粉	88.0	15.4	3.0	20.0	16.5	1.8	15.6	72.0	0.33	0.78	1187	9.00	—	1.74
17	4-08-0105	次粉	87.0	13.6	3.0	20.0	16.5	1.8	15.6	72.0	0.33	0.78	1187	9.00	—	1.74
18	4-08-0069	小麦麸	87.0	15.7	1.0	14.0	8.0	4.6	31.0	186.0	0.36	0.63	980	7.00	0.0	1.70
19	4-08-0070	小麦麸	87.0	14.3	1.0	14.0	8.0	4.6	31.0	186.0	0.36	0.63	890	7.00	0.0	1.70
20	4-08-0041	米糠	87.0	12.8	—	60.0	22.5	2.5	23.0	293.0	0.42	2.20	1135	14.00	0.0	3.57
21	4-10-0025	米糠饼	88.0	14.7	—	11.0	24.0	2.9	94.9	689.0	0.70	0.88	1700	54.00	40.0	—
22	4-10-0018	米糠粕	87.0	15.1	—	—	—	—	—	—	—	—	—	—	—	—
23	5-09-0127	大豆	87.0	35.5	—	40.0	12.3	2.9	17.4	24.0	0.42	—	3200	12.00	—	8.00
24	5-09-0128	全脂大豆	88.0	35.5	—	40.0	12.3	2.9	17.4	24.0	0.42	—	3200	12.00	—	8.00
25	5-10-0241	大豆饼	89.0	41.8	—	6.6	1.7	4.4	13.8	37.0	0.32	0.45	2673	—	—	—
26	5-10-0103	大豆粕	89.0	47.0	0.2	3.1	4.6	3.0	16.4	30.7	0.33	0.81	2858	6.10	0.0	0.51

续附表 3

序号 No	中国饲料号 CFN	饲料名称 Feed Name	干物质 DM(%)	粗蛋白质 CP(%)	胡萝卜素 (毫克/千克)	维生素 E (毫克/千克)	维生素 B₁ (毫克/千克)	维生素 B₂ (毫克/千克)	泛酸 (毫克/千克)	烟酸 (毫克/千克)	生物素 (毫克/千克)	叶酸 (毫克/千克)	胆碱 (毫克/千克)	维生素 B₆ (毫克/千克)	维生素 B₁₂ (毫克/千克)	亚油酸 (%)
27	5-10-0102	大豆粕	89.0	44.0	0.2	3.1	4.6	3.0	16.4	30.7	0.33	0.81	2858	6.10	0.0	0.51
28	5-10-0118	棉籽饼	88.0	36.3	0.2	16.0	6.4	5.1	10.0	38.0	0.53	1.65	2753	5.30	0.0	2.47
29	5-10-0119	棉籽粕	90.0	47.0	0.2	15.0	7.0	5.5	12.0	40.0	0.30	2.51	2933	5.10	0.0	1.51
30	5-10-0117	棉籽粕	90.0	43.5	0.2	15.0	7.0	5.5	12.0	40.0	0.30	2.51	2933	5.10	0.0	1.51
31	5-10-0183	菜籽饼	90.0	35.7	—	—	—	—	—	—	—	—	—	—	—	—
32	5-10-0121	菜籽粕	88.0	38.6	—	54.0	5.2	3.7	9.5	160.0	0.98	0.95	6700	7.20	0.0	0.42
33	5-10-0116	花生仁饼	88.0	44.7	—	3.0	7.1	5.2	47.0	166.0	0.33	0.40	1655	10.00	0.0	1.43
34	5-10-0115	花生仁粕	88.0	47.8	—	3.0	5.7	11.0	53.0	173.0	0.39	0.39	1854	10.00	0.0	0.24
35	5-10-0031	向日葵仁饼	88.0	29.0	—	0.9	—	18.0	4.0	86.0	1.40	0.40	800	—	—	—
36	5-10-0242	向日葵仁粕	88.0	36.5	—	0.7	4.6	2.3	39.0	22.0	1.70	1.60	3260	17.20	—	—
37	5-10-0243	向日葵仁粕	88.0	33.6	—	—	3.0	3.0	29.9	14.0	1.40	1.14	3100	11.10	0.0	0.98
38	5-10-0119	亚麻仁饼	88.0	32.2	—	7.7	2.6	4.1	16.5	37.4	0.36	2.90	1672	6.10	—	—
39	5-10-0120	亚麻仁粕	88.0	34.8	0.2	5.8	7.5	3.2	14.7	33.0	0.41	0.34	1512	6.00	200.0	0.36

续附表 3

序号 No	中国饲料号 CFN	饲料名称 Feed Name	干物质 DM(%)	粗蛋白质 CP(%)	胡萝卜素 (毫克/千克)	维生素 E (毫克/千克)	维生素 B₁ (毫克/千克)	维生素 B₂ (毫克/千克)	泛酸 (毫克/千克)	烟酸 (毫克/千克)	生物素 (毫克/千克)	叶酸 (毫克/千克)	胆碱 (毫克/千克)	维生素 B₆ (毫克/千克)	维生素 B₁₂ (毫克/千克)	亚油酸 (%)
40	5-10-0246	芝麻饼	92.0	39.2	0.2	—	2.8	3.6	6.0	30.0	2.40	—	1536	12.50	0.0	1.90
41	5-11-0001	玉米蛋白粉	90.1	63.5	44.0	25.5	0.3	2.2	3.0	55.0	0.15	0.20	330	6.90	50.0	1.17
42	5-11-0002	玉米蛋白粉	91.2	51.3	—	—	—	—	—	—	—	—	—	—	—	—
43	5-11-0008	玉米蛋白粉	89.9	44.3	16.0	19.9	0.2	1.5	9.6	54.5	0.15	0.22	330	13.00	250.0	1.43
44	5-11-0003	玉米蛋白饲料	88.0	19.3	8.0	14.8	2.0	2.4	17.8	75.5	0.22	0.28	1700	—	—	—
45	4-10-0026	玉米胚芽饼	90.0	16.7	2.0	87.0	—	3.7	3.3	42.0	—	0.20	1936	—	—	1.47
46	4-10-0224	玉米胚芽粕	90.0	20.8	2.0	80.8	1.1	4.0	4.4	37.7	0.22	0.20	2000	—	—	1.47
47	5-11-0007	DDGS	90.0	28.3	3.5	40.0	3.5	8.6	11.0	75.0	0.30	0.88	2637	2.28	10.0	2.15
48	5-11-0009	蚕豆粉浆蛋白粉	88.0	66.3	—	—	—	—	—	—	—	—	—	—	—	—
49	5-11-0004	麦芽根	89.7	28.3	—	4.2	0.7	1.5	8.6	43.3	—	0.20	1548	—	—	—
50	5-13-0044	鱼粉 (CP64.5%)	90.0	64.5	—	5.0	0.3	7.1	15.0	100.0	0.23	0.37	4408	4.00	352.0	0.20

续附表 3

序号 No	中国饲料号 CFN	饲料名称 Feed Name	干物质 DM(%)	粗蛋白质 CP(%)	胡萝卜素 (毫克/千克)	维生素E (毫克/千克)	维生素B₁ (毫克/千克)	维生素B₂ (毫克/千克)	泛酸 (毫克/千克)	烟酸 (毫克/千克)	生物素 (毫克/千克)	叶酸 (毫克/千克)	胆碱 (毫克/千克)	维生素B₆ (毫克/千克)	维生素B₁₂ (毫克/千克)	亚油酸 (%)
51	5-13-0045	鱼粉 (CP62.5%)	90.0	62.5	—	5.7	0.2	4.9	9.0	55.0	0.15	0.30	3099	4.00	150.0	0.12
52	5-13-0046	鱼粉 (CP60.2%)	90.0	60.2	—	7.0	0.5	4.9	9.0	55.0	0.2	0.30	3056	4.00	104.0	0.12
53	5-13-0077	鱼粉 (CP53.5%)	90.0	53.5	—	5.6	0.4	8.8	8.8	65.0			3000		143.0	
54	5-13-0036	血粉	88.0	82.8	—	1.0	0.4	1.6	1.2	23.0	0.09	0.11	800	4.40	50.0	0.10
55	5-13-0037	羽毛粉	88.0	77.9	—	7.3	0.1	2.0	10.0	27.0	0.04	0.20	880	3.00	71.0	0.83
56	5-13-0038	皮革粉	88.0	74.7	—	—	—	—	—	—	—	—	—	—	—	—
57	5-13-0047	肉骨粉	93.0	50.0	—	0.8	0.2	5.2	4.4	59.4	0.14	0.60	2000	4.60	100.0	0.72
58	5-13-0048	肉粉	94.0	54.0	—	1.2	0.6	4.7	5.0	57.0	0.08	0.50	2077	2.40	80.0	0.80
59	1-05-0074	苜蓿草粉 (CP19%)	87.0	19.1	94.6	144.0	5.8	15.5	34.0	40.0	0.35	4.36	1419	8.00	0.0	0.44
60	1-05-0075	苜蓿草粉 (CP17%)	87.0	17.2	94.6	125.0	3.4	13.6	29.0	38.0	0.30	4.20	1401	6.50	0.0	0.35

续附表 3

序号 No	中国饲料号 CFN	饲料名称 Feed Name	干物质 DM(%)	粗蛋白质 CP(%)	胡萝卜素 (毫克/千克)	维生素E (毫克/千克)	维生素B$_1$ (毫克/千克)	维生素B$_2$ (毫克/千克)	泛酸 (毫克/千克)	烟酸 (毫克/千克)	生物素 (毫克/千克)	叶酸 (毫克/千克)	胆碱 (毫克/千克)	维生素B$_6$ (毫克/千克)	维生素B$_{12}$ (毫克/千克)	亚油酸 (%)
61	1-05-0076	苜蓿草粉 (CP4%~15%)	87.0	14.3	63.0	98.0	3.0	10.6	20.8	41.8	0.25	1.54	1548	—	—	—
62	5-11-0005	啤酒糟	88.0	24.3	0.2	27.0	0.6	1.5	8.6	43.0	0.24	0.24	1723	0.70	0.0	2.94
63	7-15-0001	啤酒酵母	91.7	52.4	—	2.2	91.8	37.0	109.0	10.0	0.63	9.90	3984	42.80	999.9	0.04
64	4-13-0075	乳清粉	94.0	12.0	—	0.3	3.9	29.9	47.0	—	0.34	0.66	1500	4.00	20.0	0.01
65	5-01-0162	酪蛋白	91.0	88.7	—	—	0.4	1.5	2.7	1.0	0.04	0.51	205	0.40	—	—
66	5-14-0503	明胶														
67	4-06-0076	牛奶乳糖														
68																

附表 4　饲料有效能及矿物质含量

序号	饲料名称	代谢能(兆焦/千克)	代谢能(兆卡/千克)	钠(%)	钾(%)	氯(%)	镁(%)	硫(%)	铁(毫克/千克)	铜(毫克/千克)	锰(毫克/千克)	锌(毫克/千克)	硒(毫克/千克)
1	玉米	13.31	3.18	0.01	0.29	0.04	0.11	0.13	36	3.4	5.8	21.1	0.04
2	玉米	13.56	3.24	0.20	0.30	0.04	0.12	0.08	37	3.3	6.1	19.2	0.03
3	玉米	13.47	3.22	0.20	0.30	0.04	0.12	0.08	37	3.3	6.1	19.2	0.03
4	高粱	12.30	2.94	0.03	0.34	0.09	0.15	0.08	87	7.6	17.1	20.1	<0.05
5	小麦	12.72	3.04	0.06	0.50	0.07	0.11	0.11	88	7.9	45.9	29.7	0.05
6	大麦(裸)	11.21	2.68	0.04	0.36	–	0.11	–	100	7.0	18.0	30.0	0.16
7	大麦(皮)	11.30	2.70	0.02	0.56	0.15	0.14	0.15	87	5.6	17.5	23.6	0.06
8	黑麦	11.26	2.69	0.02	0.42	0.04	0.12	0.15	117	7.0	53.0	35.0	0.40
9	稻谷	11.00	2.63	0.04	0.34	0.07	0.07	0.05	40	3.5	20.0	8.0	0.04
10	糙米	14.06	3.36	–	–	0.06	0.09	0.10	78	3.3	21.0	10.0	0.07
11	碎米	14.23	3.40	–	–	0.08	0.11	0.06	62	8.8	47.5	36.4	0.06
12	栗(谷子)	11.88	2.84	0.04	0.43	0.14	0.16	0.13	270	24.5	22.5	15.9	0.08
13	木薯干	12.38	2.96	–	–	–	–	–	150	4.2	6.0	14.0	0.04
14	甘薯干	9.79	2.34	–	–	–	0.08	–	107	6.1	10.0	9.0	0.07

续附表 4

序号	饲料名称	代谢能 (兆焦/千克)	代谢能 (兆卡/千克)	钠 (%)	钾 (%)	氯 (%)	镁 (%)	硫 (%)	铁 (毫克/千克)	铜 (毫克/千克)	锰 (毫克/千克)	锌 (毫克/千克)	硒 (毫克/千克)
15	次粉	12.76	3.05	0.06	0.60	0.04	0.41	0.17	140	11.6	94.2	73.0	0.07
16	次粉	12.51	2.99	0.06	0.60	0.04	0.41	0.17	140	11.6	94.2	73.0	0.07
17	小麦麸	6.82	1.63	0.07	1.19	0.07	0.52	0.22	170	13.8	104.3	96.5	0.07
18	米糠	11.21	2.68	0.07	1.73	0.07	0.90	0.18	304	7.1	175.9	50.3	0.09
19	米糠饼	10.17	2.43	0.08	1.80	-	1.26	-	400	8.7	211.6	56.4	0.09
20	米糠粕	8.28	1.98	0.09	1.80	-	-	-	432	9.4	228.4	60.9	0.10
21	大豆	13.55	3.24	0.02	1.70	0.03	0.28	0.23	111	18.1	21.5	40.7	0.06
22	大豆饼	10.54	2.52	0.02	1.77	0.02	0.25	0.33	187	19.3	32.0	43.4	0.04
23	大豆粕	9.83	2.35	0.03	2.00	0.05	0.27	0.43	181	23.5	37.3	45.3	0.10
24	大豆粕	9.62	2.30	0.03	1.68	0.05	0.27	0.43	181	23.5	27.4	45.4	0.06
25	棉籽饼	9.04	2.16	0.04	1.20	0.14	0.52	0.40	266	11.6	17.8	44.9	0.11
26	棉籽粕	8.41	2.01	0.04	1.16	0.04	0.40	0.31	263	14.0	18.7	55.5	0.15
27	菜籽饼	8.16	1.95	0.02	1.34	-	-	-	687	7.2	78.1	59.2	0.29
28	菜籽粕	7.41	1.77	0.09	1.40	0.11	0.51	0.85	653	7.1	82.2	67.4	0.16

续附表 4

序号	饲料名称	代谢能(兆焦/千克)	代谢能(兆卡/千克)	钠(%)	钾(%)	氯(%)	镁(%)	硫(%)	铁(毫克/千克)	铜(毫克/千克)	锰(毫克/千克)	锌(毫克/千克)	硒(毫克/千克)
29	花生仁饼	11.63	2.78	0.04	1.15	0.03	0.33	0.29	347	23.7	36.7	52.5	0.06
30	花生仁粕	10.68	2.60	0.07	1.23	0.03	0.31	0.30	368	25.1	38.9	55.7	0.06
31	向日葵仁饼	6.65	1.59	0.02	1.17	0.01	0.75	0.33	424	45.6	41.5	62.1	0.09
32	向日葵仁粕	9.71	2.32	0.20	—	0.01	0.75	0.33	226	32.8	34.5	82.7	0.06
33	向日葵仁粕	8.49	2.03	0.20	1.23	0.10	0.68	0.30	310	35.0	35.0	80.0	0.08
34	亚麻仁饼	9.79	2.34	0.09	1.25	0.04	0.56	0.39	204	27.0	40.3	36.0	0.18
35	亚麻仁粕	7.95	1.90	0.14	1.38	0.05	0.56	0.51	219	25.5	43.3	38.7	0.18
36	芝麻饼	8.95	2.14	0.04	1.39	0.05	0.50	0.43	—	50.4	32.0	2.4	—
37	玉米蛋白粉(CP60%)	16.23	3.88	0.01	0.30	0.05	0.08	0.43	230	1.9	5.9	19.2	0.02
38	玉米蛋白粉(CP50%)	14.26	3.41	0.02	0.35	—	—	0.06	332	10.0	78.0	49.0	—
39	玉米蛋白粉(CP40%)	13.30	3.18	0.02	0.40	0.08	0.05	0.06	—	—	—	—	1.00
40	玉米蛋白饲料	8.45	2.02	0.12	1.30	0.22	0.42	0.16	282	10.7	77.1	59.2	0.23

续附表 4

序号	饲料名称	代谢能(兆焦/千克)	代谢能(兆卡/千克)	钠(%)	钾(%)	氯(%)	镁(%)	硫(%)	铁(毫克/千克)	铜(毫克/千克)	锰(毫克/千克)	锌(毫克/千克)	硒(毫克/千克)
41	玉米胚芽饼	9.37	2.24	0.01	—	—	0.10	0.30	99	12.8	19.0	108.1	—
42	玉米胚芽粕	8.66	2.07	0.01	0.69	—	0.16	0.32	214	7.7	23.3	126.6	0.33
43	玉米	9.20	2.20	0.88	0.98	0.17	0.35	0.30	197	43.9	29.5	83.5	0.37
44	蚕豆粉浆蛋白粉	14.53	3.47	0.01	0.06	—	—	—	—	22.0	16.0	—	—
45	麦芽根	5.90	1.41	0.06	2.18	0.59	0.16	0.79	198	5.3	67.8	42.4	0.60
46	鱼粉	12.38	2.96	0.88	0.90	0.60	0.24	0.77	226	9.1	9.2	98.9	2.70
47	鱼粉	12.18	2.91	0.78	0.83	0.61	0.16	0.48	181	6.0	12.0	90.0	1.62
48	鱼粉	11.80	2.82	0.97	1.10	0.61	0.16	0.45	80	8.0	10.0	80.0	1.50
49	鱼粉	12.13	2.90	1.15	0.94	0.61	0.16	—	292	8.0	9.7	8.0	1.94
50	血粉	10.29	2.46	0.31	0.90	0.27	0.16	0.32	2100	8.0	2.3	14.0	0.70
51	羽毛粉	11.42	2.73	0.31	0.18	0.26	0.20	1.39	73	6.8	8.8	53.8	0.80
52	皮革粉	—	—	—	—	—	—	—	131	11.1	25.2	89.8	—
53	肉骨粉	9.96	2.38	0.60	1.30	0.70	1.00	0.40	500	—	10.0	90.0	0.25

续附表 4

序号	饲料名称	代谢能(兆焦/千克)	代谢能(兆卡/千克)	钠(%)	钾(%)	氯(%)	镁(%)	硫(%)	铁(毫克/千克)	铜(毫克/千克)	锰(毫克/千克)	锌(毫克/千克)	硒(毫克/千克)
54	甘薯叶粉	4.23	1.01	—	—	—	—	—	35	9.8	89.6	26.8	0.20
55	苜蓿草粉(CP19%)	4.06	0.97	0.09	2.08	0.38	0.30	0.30	372	9.1	30.7	17.1	0.46
56	苜蓿草粉(CP17%)	3.64	0.87	0.17	2.40	0.46	0.36	0.37	361	9.7	30.7	21.0	0.46
57	苜蓿草粉(CP14%~15%)	3.51	0.84	0.11	2.22	0.46	0.36	0.17	437	9.1	33.2	22.6	0.48
58	啤酒糟	9.92	2.37	0.25	0.08	0.12	0.19	0.21	274	20.1	35.6	——	0.41
59	啤酒酵母	10.54	2.52	0.10	1.77	0.12	0.23	0.38	348	61.0	22.3	86.7	1.00
60	乳清粉	11.42	2.73	2.11	1.81	0.14	0.13	1.04	160	—	4.6	—	0.06
61	牛奶乳糖	11.25	2.69	—	2.40	—	0.15	—	—	—	—	—	—

参考文献

[1]　陆应林,张振兴.肉鸽养殖[M].北京:中国农业出版社.

[2]　李朝安,何伟国.养禽环境中病原微生物污染的净化[J].养禽与禽病防治.2002,(2):14.

[3]　王恬,丁晓明,等.高效饲料配方及配制技术[M].北京:中国农业出版社.

[4]　刘建胜,伏桂华,宋宪勃,等.家禽营养与饲料配制[M].北京:中国农业出版社.

[5]　姚继承,彭秀丽.家禽无公害饲料配制技术[M].北京:中国农业出版社.

[6]　侯广田,方光新.肉鸽无公害饲养综合技术[M].北京:中国农业出版社.

[7]　刘洪云,殷勤,等.工厂化肉鸽饲养新技术[M].北京:中国农业出版社.

[8]　臧素敏,赵国先,李同洲,等.特禽的营养与饲料配制[M].北京:中国农业大学出版社.

[9]　谷子林,和英布等.特禽标准化生产技术[M].北京:中国农业大学出版社.

[10]　刘敏超,李花粉,温小乐.畜禽废弃物的污染治理[J].畜牧与兽医.第34卷.2002,(9):17.

[11]　林其骙,王秀芝,王健强,等.鹌鹑[M].南京:江苏科学技术出版社.

[12]　王琦,杨森华,张晓林,等.鹌鹑养殖[M].北京:科学技术文献出版社.

[13]　潘琦,周建强.特种经济禽类饲养新技术.[M].合肥:

安徽科学技术出版社.

[14] 张华,颜廷贵,高立平,等.鹌鹑生产技术指南[M].北京:中国农业大学出版社.

[15] 王建国,魏勤芳,张毅.鹌鹑养殖[M].北京:中国农业科学技术出版社.

[16] 刘玉峰,刘富强,李冰玲,等,鹌鹑啄癖的诊治[J].养禽与禽病防治,2002,(1):44.

[17] 吴高升.新编肉鸽饲养法[M].北京:中国农业出版社.

[18] 陈益填.肉鸽养殖新技术[M].北京:金盾出版社.

[19] 陈正玲,王康宁.家禽理想蛋白质氨基酸模式[J].畜牧与兽医,vol 34,2002:85~93.

[20] 陈洪成,方妙华,林忠宣.优质肉鸽高产高效技术[J].中国畜牧杂志,2002,3:58~59.

[21] 陈益填.肉鸽保健砂的配方及供给方法[J].养禽与禽病防治,2001,(1):36~37.

[22] 陆应林,张振兴.肉鸽养殖[M].北京:中国农业出版社

[23] 安立龙,娄玉杰,林海,等.家畜环境卫生学[M].北京:高等教育出版社.

[24] 郗正林,黄自俭,等.特色家禽健康安全养殖新模式[M].南京:东南大学出版社.

[25] 林其騄,等.鹌鹑高效饲养技术[M].北京:金盾出版社.

[26] 刘洪云,张苏华,等.肉鸽科学饲养诀窍[M].上海:上海科学技术出版社.

[27] 龚道清,张军,等.怎样办好家庭肉鸽养殖场[M].北京:科学技术文献出版社.

[28]　P. McDonald，R. A. Edwards，J. F. D. Greenhalgh.（赵义斌等译）.动物营养学[M].兰州：甘肃民族出版社.

[29]　M. E. Ensminger，C. G. Olentine（秦礼社，廖隆乾，等译）.饲料与营养[M].北京：中国农业出版社.

[30]　中华人民共和国农业部发布.张子仪，李绥章，王文杰等起草.1993.中华人民共和国农业行业标准－饲料原料标准[M].北京：中国标准出版社.

金盾版图书,科学实用,
通俗易懂,物美价廉,欢迎选购

图说青枣温室高效栽培关键技术	9.00
图说柿高效栽培关键技术	18.00
图说葡萄高效栽培关键技术	16.00
图说早熟特早熟温州密柑高效栽培关键技术	15.00
图说草莓棚室高效栽培关键技术	9.00
图说棚室西瓜高效栽培关键技术	12.00
北方旱地粮食作物优良品种及其使用	10.00
中国小麦产业化	29.00
小麦良种引种指导	9.50
小麦科学施肥技术	9.00
优质小麦高效生产与综合利用	7.00
大麦高产栽培	5.00
水稻栽培技术	7.50
水稻良种引种指导	23.00
水稻良种高产高效栽培	13.00
提高水稻生产效益100问	8.00
水稻新型栽培技术	16.00
科学种稻新技术(第2版)	10.00
双季稻高效配套栽培技术	13.00
杂交稻高产高效益栽培	9.00
杂交水稻制种技术	14.00
超级稻栽培技术	9.00
超级稻品种配套栽培技术	15.00
水稻旱育宽行增粒栽培技术	5.00
玉米高产新技术(第二次修订版)	15.00
玉米高产高效栽培模式	16.00
玉米抗逆减灾栽培	39.00
玉米科学施肥技术	8.00
甜糯玉米栽培与加工	11.00
小杂粮良种引种指导	10.00
谷子优质高产新技术	6.00
豌豆优良品种与栽培技术	6.50
甘薯栽培技术(修订版)	6.50
甘薯综合加工新技术	5.50
甘薯生产关键技术100题	6.00
甘薯产业化经营	22.00
棉花高产优质栽培技术(第二次修订版)	10.00
棉花节本增效栽培技术	11.00
棉花良种引种指导(修订版)	15.00
特色棉高产优质栽培技术	11.00

以上图书由全国各地新华书店经销。凡向本社邮购图书或音像制品,可通过邮局汇款,在汇单"附言"栏填写所购书目,邮购图书均可享受9折优惠。购书30元(按打折后实款计算)以上的免收邮挂费,购书不足30元的按邮局资费标准收取3元挂号费,邮寄费由我社承担。邮购地址:北京市丰台区晓月中路29号,邮政编码:100072,联系人:金友,电话:(010)83210681、83210682、83219215、83219217(传真)。